DES

ASSOLEMENTS

ET DES

SYSTÈMES DE CULTURE

DES
ASSOLEMENTS

ET DES

SYSTÈMES DE CULTURE

Par F. NICOLLE,

ANCIEN ÉLÈVE DE L'ÉCOLE POLYTECHNIQUE,
AGRICULTEUR A JOVILLERS

Ouvrage honoré du prix agronomique par la Société des Agriculteurs de France.

BAR-LE-DUC

IMPRIMERIE DE L'ŒUVRE DE SAINT-PAUL
36, RUE DE LA BANQUE, 36
—
1887

INTRODUCTION

Assolement, voilà un mot et une chose que nos pères ne connaissaient pas : Mme de Sévigné nous l'apprend, à ce qu'il paraît, d'une manière charmante : elle avait une terre en Bretagne qui ne lui rapportait que du blé. Pauvre grande dame ! Sans doute, elle ne se sera pas appauvrie en vendant cette mauvaise terre ; que ne connaissait-elle les assolements ! Mais aussi, à quoi cela lui aurait-il servi avec autant d'esprit ?

Je n'irai pas jusqu'à dire que la terre de France ne produisait que du blé, plante très utile assurément, mais aussi très épuisante. Je ne dirai pas non plus que toute la noblesse française du temps de Louis XIV était aussi ignorante que Mme de Sévigné des choses de la culture et s'en désintéressait autant. Plût à Dieu cependant qu'elle en eût mieux connu et les hommes et les choses ! Que de désastres matériels et moraux eussent été évités !

Les anciens ne cultivaient guère que les céréales indispensables à la nourriture de l'homme ; ils employaient les prairies à l'entretien des bestiaux nécessaires pour cultiver l'exploitation, à moins que la facilité de se procurer du blé à bon marché ne les ait engagés à se porter vers les spéculations animales peu productives à la vérité, mais aussi très peu coûteuses.

Les premiers pionniers qui défrichèrent le sol de la Gaule y cultivèrent donc du blé, mais ils ne tardèrent pas à s'apercevoir que le blé ne peut pas revenir indéfiniment sur la même terre, parce qu'il l'épuise, parce que les mauvaises herbes finissent par étouffer la récolte. Ils cultivèrent donc comme les Américains de nos jours, laissant en friche les anciennes terres et en défrichant de nouvelles. Ils disaient que la terre se reposait, reprenant ainsi ses forces pour une nouvelle production. Mais lorsque toutes les terres furent défrichées ou qu'il ne resta plus que les marais, les rochers ou les climats âpres et malsains à occuper, lorsque les terres remises en culture commencèrent à se fatiguer de produire, il fallut bien trouver un moyen d'en entretenir la fertilité, ou bien se résoudre à les laisser reposer plus souvent. L'opération du moissonnage fit quelques progrès ; l'on prit plus de soins de récolter les pailles qui, avec les quelques parcelles de pré que chaque exploitation possédait, furent employées à entretenir l'hiver quelques moutons qui pâturaient l'été dans la jachère et dans les chaumes. Ainsi commença-t-on à tirer parti du fumier que l'on conduisait dans la jachère avant la semaille des blés.

Après cette première récolte, la terre se trouvait trop épuisée et trop sale pour recevoir encore du blé ; mais elle pouvait produire une récolte convenable de seigle, d'avoine, ou même d'orge avec un peu de culture : l'assolement triennal était trouvé. Nous sommes disposés aujourd'hui un peu trop facilement peut-être à regarder avec pitié les inventeurs de ce système de culture ; et pourtant, si l'on considère les conditions économiques, la vie matérielle et le peu de connaissances agricoles à cette époque, on reconnaîtra que l'introduction de l'assolement triennal fut un perfectionnement important. Du reste, toutes les provinces de France, sauf la Bretagne et l'Auvergne, l'adoptèrent ; le territoire des paroisses fut divisé en saisons, et il fut établi, du consentement de tous basé sur l'intérêt général, que personne n'aurait le droit de dessaisonner, et que tous les habitants auraient également ment droit à la vaine pâture proportionnellement à leur culture. Les regains des prés étaient de même réservés pour le pâturage des chevaux.

Je ne soutiendrai pas qu'il n'était pas possible à cette époque reculée de mieux faire. Certes, cela était possible ; mais il est injuste de dire que l'assolement de trois ans ruina la culture française et qu'il fut même la cause de son infériorité. En réalité, lorsqu'il était bien pratiqué avec une jachère convenablement cultivée et fumée, il donnait au laboureur un bénéfice convenable, il laissait la terre avec sa fertilité. La preuve en est la prospérité agricole du xiiie siècle, et si des périodes de crise et de misère ont suivi, il faut l'attribuer à d'autres causes, mais surtout à des causes morales et au partage forcé. La prospérité agricole persista en Normandie, par exemple, pays d'héritage intégral, et, comme les grands domaines s'y étaient conservés, les plantes utiles et les bonnes méthodes de culture s'y propagèrent plus facilement malgré le maintien de l'assolement triennal.

L'agriculture stationnaire en France s'était, en effet, considérablement développée dans un pays voisin, les Flandres. Ces populations travailleuses, très jalouses de leur liberté, non pas pour rejeter tout pouvoir, mais pour posséder tout d'abord leurs corps et leurs biens en toute sécurité, apprirent de bonne heure à tirer d'un sol cependant peu fertile, les produits les plus abondants. Dès le milieu du xviie siècle, ils isolèrent le trèfle des prés plus connu aujourd'hui sous le nom de trèfle rouge, ils le semèrent à part dans une céréale et en obtinrent des récoltes de fourrage beaucoup plus considérables que celles produites alors par les prairies naturelles.

En même temps que les campagnes, les villes se développaient dans les Flandres. Les filatures prospéraient, l'industrie du fer prenait possession des bassins houillers de Mons et de Liège, la population croissait et des besoins nouveaux apparaissaient engendrés par l'aisance. La laine, le lait, la viande trouvaient là des débouchés faciles, les Flandres s'adonnèrent à la production du bétail pour satisfaire à ces demandes pressantes ; et, comme l'ancien assolement de trois ans se prêtait mal à ce nouveau système, ils cessèrent de faire succéder l'avoine ou l'orge au blé, et semèrent le trèfle dans le blé, et l'avoine ou le blé sur le trèfle. Telle fut l'origine des assolements alternes. L'assolement alterne fut d'abord de quatre ans avec la jachère et le trèfle, et avoine ou blé, et les Flamands ne tardèrent pas à s'apercevoir qu'ils récoltaient chaque année autant et plus de céréales, bien que la superficie fût moindre de 1/6. Le bénéfice était donc tous les quatre ans d'une récolte de trèfle qui leur permettait de fumer copieusement leurs terres ; leur culture était déjà très bonne ; l'assolement de quatre ans maintenait leurs terres plus propres avec moins de bétail ; la jachère devenait donc inutile. Elle fut remplacée par les féveroles cultivées en lignes pour être sarclées et binées. Bientôt l'illustre Parmentier importa en Europe la pomme de terre ; Nicot mérita moins bien de l'humanité en important le tabac, mais il rendit quelques services à la culture. Enfin, par une culture intelligente, la betterave, de plante annuelle, devint bisannuelle, concentrant la première année dans sa racine les principes sucrés qu'elle devait élaborer la deuxième. Le cultivateur intelligent et judicieux n'avait plus que le choix pour occuper la jachère dans l'assolement de quatre ans.

De la Flandre, les assolements alternes passèrent en Angleterre, et l'agriculture de ce pays s'éleva à un haut degré de prospérité. Un illustre agronome anglais, du commencement de ce siècle, constate que, depuis longtemps déjà, la pratique des assolements alternes était générale en Angleterre et en Écosse avec turneps, blé, trèfle, blé ou avoine ; tandis qu'en Écosse où les terres sont argileuses et le climat plus humide, une jachère était nécessaire tous les huit ans. Qui niera l'influence que cette transformation agricole exerça sur le progrès de la population en Angleterre ? Ce pays de mœurs encore très barbares jusqu'à la fin du siècle dernier, appauvri par les guerres civiles à ce point que

la population des trois royaumes était au commencement du
XVIIIe siècle de moins de 12.000.000 d'habitants, ce pays dépasse
aujourd'hui 32.000.000 d'habitants, au lieu que l'ancienne France
pendant la même période n'a progressé que de 24 à 38.000.000.
L'assolement de quatre ans a donc suffi à nourrir cette population toujours croissante jusqu'à ce que les importations de Russie
et d'Amérique soient venues fournir à la production anglaise,
malgré les protestations de la culture, un appoint considérable,
il est vrai, mais, en définitive, un peu tardif.

Ici, les raisons économiques de changer d'assolement n'exis-
taient pas comme en Flandre. L'Angleterre n'était pas alors le
pays riche que nous connaissons aujourd'hui. C'était, au contraire, un pays pauvre, parce qu'il avait été ruiné. Les motifs qui
amenèrent le changement furent purement agricoles.

La France, malgré les exemples de ses voisins, maintint l'assolement de trois ans. Seuls, nos quatre départements du nord,
grâce à l'extension de la fabrication du sucre de betteraves, adoptèrent définitivement les assolements alternes.

C'est en vain que de savants agronomes, comme Mathieu de
Dombasle, donnèrent les premiers l'exemple, que des propriétaires intelligents et soucieux des intérêts du pays intervinrent
auprès de leurs fermiers et de leurs métayers. Les assolements
alternes firent peu de progrès dans les grands domaines, et la
petite culture les repousse encore aujourd'hui. Est-ce difficulté
insurmontable pour les cultivateurs? est-ce routine? Il y a certainement, pour la petite culture, une grande difficulté dans
l'extrême division des héritages et dans le partage en trois saisons du territoire de chaque commune. Je sais bien que le code
civil, au titre du droit de passage, accorde un passage pour l'exploitation des parcelles enclavées ; dès lors le propriétaire qui
veut soumettre ses terres à un assolement alterne ou, comme on
dit, dessaisonner, n'est plus soumis à d'autre obligation que celle
du paiement de l'indemnité pour le passage. Il n'a plus à craindre
les procès, mais seulement le mauvais vouloir de ses voisins,
pourvu qu'il puisse compter sur les lumières du juge de paix, ce
qui n'est peut-être pas le cas général. Mais c'est quelque chose
que le paiement de l'indemnité s'il s'agit, par exemple, d'enlever
la récolte d'une parcelle de 33 ares située à 200 mètres du chemin,
ce qui est un cas très ordinaire dans nos campagnes. La récolte
sera endommagée sur 4 ares de terrain qui servent au passage ;
il ne serait pas étonnant que le propriétaire du fonds servant
demandât le paiement de quatre ares de récolte.

Cette dépense supplémentaire, jointe aux ennuis de la chicane,
aux haines qui en sont la suite, suffit souvent pour empêcher des

cultivateurs du reste intelligents de changer leur système de
culture.

Les mêmes motifs n'existent plus dans un grand domaine. Et
on comprendrait difficilement que le progrès des assolements n'y
ait pas suivi les autres progrès agricoles si l'assolement de trois
ans n'avait pas été beaucoup amélioré.

Les cultures nouvelles, qui ont rendu possibles les assolements
alternes, ont été peu à peu introduites dans celui de trois ans ; de
sorte qu'aujourd'hui la jachère est remplacée, partiellement au
moins, par le trèfle, la betterave, la pomme de terre, les vesces, et
les pois Jarras. En Normandie, en Brie et en Lorraine on ne laisse
presque plus de terres en jachère ; la culture de la minette, récolte
généralement enlevée à la fin de mai, soit qu'on la pâture, soit
qu'on la fauche, permet de façonner la terre pendant cinq mois et
de la préparer convenablement pour les semailles de blé. Seules,
les terres sales sont laissées en jachère et nettoyées par une
culture soignée.

Il me semble, néanmoins, que ces raisons n'auraient pas suffi
pour maintenir l'assolement de trois ans en possession incontestée
du sol français. Car, si, comme cela est positif, les assolements
alternes lui sont bien préférables même avec les perfectionnements qu'il a reçus, ce serait refuser au cultivateur français
toute intelligence ou toute raison que de supposer qu'il ne s'est
pas rendu à l'évidence. Or, les pays qui ont adopté les assolements
alternes sont, comme l'Angleterre, les Flandres et le nord de la
France, des pays à climats humides, à température assez peu
variable, avec des étés frais et des hivers presque sans gelée,
conditions très favorables à la culture du trèfle. Là, en effet, le
trèfle donnera toujours deux coupes, suivies d'un pâturage très
abondant ; mais il en est autrement dans le midi et le centre de la
France. Là, des étés très secs, souvent brûlants, une terre complètement desséchée à partir du mois de mai, des hivers souvent
très rigoureux, de brusques variations de température qui rendent
le pâturage très précaire et très peu profitable au bétail ; il est
clair que, dans ces conditions, le trèfle, cette excellente plante, convient moins bien. Aussi, nos cultivateurs du midi furent très heureux d'avoir la luzerne pour le remplacer. Ces deux plantes qui
se nourrissent de la même manière, c'est-à-dire, dans les profondeurs de la terre, bien qu'à des profondeurs très inégales, qui
absorbent de préférence les mêmes substances et qui prennent
dans l'air une partie si importante de leur nourriture, diffèrent
cependant par quelques points : le trèfle reste longtemps herbacé,
talle surtout du pied, pousse par les temps humides et doux, sans
avoir besoin d'un soleil éclatant ; il est seulement bisannuel ; la

luzerne au contraire s'élève de suite vers le ciel ; elle ne craint point la sécheresse ; les rosées ne lui font pas de bien et les givres lui font le plus grand tort ; elle redoute les climats humides parce qu'ils font souvent les terres humides ; elle aime par-dessus tout le soleil et la chaleur et peut donner dans le midi jusqu'à quatre coupes abondantes ; enfin et surtout, elle dure quatre ou cinq ans, sans que ses produits diminuent. Vraiment, il faudrait accuser d'inintelligence nos cultivateurs du midi et du centre de la France et même du rayon de Paris s'ils ne semaient pas cette excellente plante.

Aussi, pendant que le trèfle né en Flandre, si je puis m'exprimer ainsi, envahissait l'Europe occidentale et septentrionale ; la luzerne envahissait le midi et le centre de la France et se rencontrait avec le trèfle sur une ligne nord est-sud-ouest, un peu au-dessous de Paris. Le trèfle fut connu dans le nord bien avant la luzerne, mais il faut constater que la luzerne le supplanta et que dans la plus grande partie des exploitations françaises le rapport des étendues consacrées au trèfle et à la luzerne est de 1 à 2; il est même moindre dans la petite culture.

La luzerne permit aux cultivateurs de maintenir l'assolement de trois ans. On usa et on abusa, en effet, de cette excellente plante jusqu'à la laisser occuper onze et douze ans les mêmes terres. Il n'était plus dès lors difficile de produire avec l'assolement de trois ans autant de fourrage qu'avec celui de quatre ans, il suffisait pour cela de maintenir en luzerne 1/6 de ses terres. Les cultivateurs qui commencèrent de la semer furent loin d'atteindre cette limite; aujourd'hui, il semble qu'elle est dépassée; mais en même temps l'assolement de trois ans tend à se modifier. Jusqu'ici les terres en luzerne avaient été laissées en dehors de l'assolement, et la durée de cette plante justifiait suffisamment ce système; mais aujourd'hui il faut faire revenir cette plante sur des terres qui l'ont déjà portée, la cuscute l'attaque d'une manière désastreuse et une durée de quatre ans est considérée comme suffisante si l'on veut n'avoir que des récoltes rémunératrices. Dès lors, il n'est plus impossible de la faire entrer dans l'assolement même de trois ans, c'est ce que font aujourd'hui pas mal de cultivateurs judicieux.

Pendant que le trèfle et la luzerne se disputaient ainsi la possession du sol français, il arrivait, chez nos voisins les Anglais, un bouleversement économique qui devait avoir pour nous les plus importantes conséquences. Les droits à l'entrée sur les blés ayant été complètement supprimés, la culture anglaise fut obligée de réduire peu à peu cette branche de production pour concentrer son activité sur l'élevage et l'engraissement du bétail; en quoi elle

est encore sans rivale ; elle avait heureusement un sol et un climat merveilleusement propres à cette spéculation ; joignez à cela,
depuis l'illustre Bakwell, les meilleures races de boucherie que
l'on puisse trouver. Il lui suffisait de transformer ses assolements
alternes pour être immédiatement en état d'augmenter considérablement sa production animale.

Les Anglais isolèrent les autres plantes des prairies naturelles,
dont les Flamands avaient isolé le trèfle. Ils cultivèrent notamment le ray-grass, le Timothy, le trèfle hybride... ils les semèront
avec le trèfle rouge et ce mélange, après l'enlèvement de la récolte
la première année, forma pour deux ou trois ans des pâturages
très abondants. Il y avait déjà longtemps que la Normandie, la
Flandre et la Suisse connaissaient ce système de spéculation her-
bagère, mais uniquement sur des pâturages permanents. Les
Anglais établirent des prairies temporaires avec un tel succès,
que ce système passa sur le continent. Les cultivateurs français
intelligents en essaient aujourd'hui, et paraissent y prendre goût.
Il faut dire que le libre échange, la rareté et la cherté de la main-
d'œuvre, l'éloignement des classes moyennes pour la profession
de cultivateur, la difficulté pour les propriétaires de louer leurs
terres et beaucoup d'autres circonstances très défavorables à la
culture du blé sont autant d'encouragements à la création de
prairies temporaires. Nous souffrons aujourd'hui des mêmes
maux que la culture anglaise il y a quelque quarante ans, et nous
tâchons de les guérir avec les mêmes remèdes. Puissions-nous ne
pas réussir moins bien, quoique la culture anglaise périclite
encore ; car c'est une question de savoir si ce remède peut être
appliqué en France d'une manière générale et s'il réussirait
également partout.

Quoi qu'il en soit, il est clair qu'il y a une science et un art des
assolements qui ne sont autre chose que l'agronomie elle-même.
La science des assolements éclairée par la chimie nous enseigne
ce qu'enlève à la terre la succession des récoltes qui constitue
l'assolement, elle nous enseigne aussi ce qu'elle lui laisse ; car les
assolements convenables enrichissent la terre ; l'art consiste à
adapter l'assolement au sol suivant sa fertilité, ses qualités physiques et sa propreté, sa situation, sa configuration et son état de
division, et en tenant compte du capital disponible, de la cherté
de la main-d'œuvre et de l'habileté des ouvriers, de la répartition
des travaux pendant l'année, des débouchés, et des circonstances
économiques, de manière à tirer de l'exploitation, toutes choses
égales d'ailleurs, le plus grand bénéfice possible. Ici quelques
mots d'explication sont nécessaires. Il peut arriver que deux
assolements donnent à peu près le même bénéfice pour le même

capital ; le meilleur serait évidemment celui qui laisserait la terre le plus riche.

La science des assolements, malgré quelques incertitudes, nous fournit des données générales absolument certaines. Si elle paraît quelquefois en défaut, il faut l'attribuer le plus souvent soit aux circonstances atmosphériques, soit à l'envahissement des récoltes par les mauvaises herbes. Il est certain que le cultivateur ne peut pas expérimenter sur des plantes qui poussent à l'air libre et à l'aide des éléments que leur fournit la terre comme le chimiste expérimente dans son laboratoire. Mais il est tout aussi certain que quelques anomalies, du reste facilement explicables, ne sauraient infirmer des résultats généraux.

Je n'entends pas seulement, du reste, par science des assolements l'ensemble des renseignements précis fournis par les sciences positives et notamment par la chimie; mais aussi, l'ensemble de ceux qui sont fournis d'une manière certaine par la pratique agricole, même quand ils seraient un peu moins précis. Il serait, en effet, très injuste de bannir de la science les données de la pratique. Les cultivateurs praticiens n'ont-ils pas dans les mains les mêmes procédés que les savants : à savoir, l'observation et l'expérimentation? D'ailleurs, la pratique des cultivateurs a plus fait que la chimie pour la science des assolements et elle l'a devancée de beaucoup dans cette voie.

J'étudierai donc, dans une partie de ce travail, l'ensemble des faits et des lois précises que la pratique agricole et la chimie nous enseignent sur les assolements.

Dans une autre partie, j'étudierai spécialement l'art des assolements, c'est-à-dire que je présenterai les considérations qui doivent guider le cultivateur dans le choix d'un assolement judicieux.

DES ASSOLEMENTS

ET

DES SYSTÈMES DE CULTURE

PREMIÈRE PARTIE

LA SCIENCE DES ASSOLEMENTS

CHAPITRE PREMIER

De la fertilité et des exigences des différentes recoltes.

La principale condition que doit remplir un bon assolement est d'augmenter la fertilité de la terre, c'est-à-dire la rendre plus capable de porter des récoltes nouvelles.

Or, les chimistes nous ont appris d'abord que les plantes se composent, pour la plus grande partie de leur poids, de carbone, d'oxygène et d'hydrogène, et ce n'est qu'après quelques tâtonnements qu'ils ont constaté que les plantes ne puisent pas ces éléments dans la terre, à ce point qu'il est indifférent pour la production agricole qu'une terre soit riche ou pauvre en matières organiques. Ces matières, dans tous les cas, ne lui donnent pas de qualités chimiques, mais simplement des qualités ou des défauts physiques. Les mêmes chimistes ont ajouté que les plantes contiennent, mais en quantité beaucoup moindre, de l'azote, des phosphates, de la potasse et de la chaux. Ils pouvaient supposer que les plantes qui prennent le carbone et l'oxygène dans l'air y prenaient aussi l'azote. Mais la pratique agricole les détrompa ; car ils trouvèrent dans le fumier une quantité très appréciable d'azote, et en conclurent justement que les récoltes prenaient dans la terre la plus grande partie de cet élément, puisque les cultivateurs étaient obligés de le lui rendre continuellement par le fumier et qu'une terre était d'autant plus capable de produire qu'elle était plus souvent fumée. Quant aux autres éléments, comme ce sont des corps solides, les plantes ne sauraient évidemment les prendre que dans la terre. Or, les plantes qui contiennent à l'état sec jusqu'à 98 0/0 de matières organiques y compris à peu près 1 0/0 d'azote, les plantes ne contiennent guère que 1 à 2 0/0 de cendres qui comprennent tous les éléments minéraux, et notamment la chaux, la potasse et les phosphates, de sorte que chacun d'eux entre pour ainsi dire dans les plantes dans une proportion infinitésimale. Et ce ne fut pas un des moindres étonnements de nos premiers chimistes agricoles de voir que d'aussi petites quantités de matière exerçaient une si grande influence sur la végétation. Car la conclusion s'imposait évidemment, la récolte dépendait uniquement des quantités d'azote, de chaux, de potasse et de phosphates contenues dans le sol, ou mieux, mais c'est un point auquel on ne songea qu'ensuite, de celles qui étaient immédiatement disponibles, c'est-à-dire solubles.

On commença en effet à analyser quelques terres et on conclut de leur composition chimique à leur fertilité ; mais il se trouva que quelques-unes des plus riches chimiquement étaient stériles ; et, aujourd'hui, malgré les progrès des procédés d'analyse, en dépit de l'habitude que l'on a de séparer les parties solubles dans l'eau de celles qui sont insolubles, les plus éminents parmi les chimistes agricoles, et notamment M. Joulie, conviennent que l'analyse chimique des terres est incapable de renseigner sur leur fertilité présente. Ses indications se **rapportent** seulement au stock de matières fertilisantes qui y sont contenues.

Il faut donc recourir à la pratique pour définir d'abord et ensuite pour fixer la fertilité d'une terre. Heureusement, la pratique peut être éclairée par l'analyse chimique ; en effet, si on analyse une plante mûre, le blé, par exemple, on voit que la plus grande partie de l'azote et des phosphates qu'elle contient sont localisés dans le grain ; la paille en contient beaucoup moins. La proportion est pour l'azote 1/6 et pour l'acide phosphorique 1/3, à peu près. Il en résulte que par l'exportation des grains une terre s'appauvrit nécessairement en azote et en phosphates. Au contraire, la potasse se trouve répartie également dans la paille et dans le grain, et même les pailles de seigle, d'avoine et d'orge en contiennent plus que le grain ; il en résulte que lorsque les fumiers sont soignés, c'est-à-dire lorsque les purins sont utilisés, la ferme ne s'appauvrit pas sensiblement en potasse, puisque l'appauvrissement ne dépasse pas 10 kilos par hectare sur un stock qui atteint presque toujours 10.000 kilos ; au lieu que d'après les tables de Wolf une récolte de blé de 20 quintaux enlève à la terre 42 kilos d'azote et 17 kilos d'acide phosphorique dans le grain. D'autre part, les analyses ont démontré que la moyenne des terres contient un peu moins d'azote que de potasse, et la plupart du temps moins de 2.000 kilos d'acide phosphorique à l'hectare. Il paraît donc probable qu'il y aura dans presque toutes les terres assez de potasse disponible et que leur fertilité dépendra uniquement de la quantité d'azote et d'acide phosphorique solubles.

C'est ce que l'expérience est venue confirmer, et c'est là l'un des inappréciables services qu'a rendus à l'agriculture la doctrine des engrais chimiques. A l'aide d'azote et de superphosphate semés en temps opportun on a pu, en effet, modifier pour ainsi dire à la main la végétation des plantes, et notamment des céréales, des betteraves et du colza. Il est vrai qu'il y a des plantes, comme les légumineuses, qui n'ont pas besoin d'azote et qui paraissent, au contraire, demander de la potasse ; mais, je le répète, c'est là un élément dont les terres, l'analyse le démontre, sont en général suffisamment pourvues, et du reste très soluble. Il me paraît donc raisonnable de le négliger dans l'étude de la fertilité.

L'acide phosphorique est un corps solide que les plantes ne peuvent prendre que dans la terre, dont les fumiers rapportent toujours une quantité beaucoup moindre que celle qui est enlevée chaque année par les plantes. Bien qu'il ait une influence considérable sur le rendement des récoltes, il est convenable de le négliger ici ; il n'y a, en effet, qu'une plante, la luzerne, qui puisse enrichir le sol en acide phosphorique qu'elle va puiser dans les profondeurs du sous-sol. Cet enrichissement est, du reste, relativement faible, probablement inférieur à la perte d'acide phosphorique pendant la fabrication du fumier. Il reste donc toujours à remplacer au moins l'acide phosphorique exporté de la ferme par la vente des grains.

Expression de la fertilité en nombres. — Le cultivateur judicieux doit donc uniquement se préoccuper d'enrichir ses terres en azote. Car c'est l'azote soluble et absorbable, c'est-à-dire l'azote nitrique ou ammoniacal, qui constitue la fertilité d'une terre. Sous ces deux formes l'azote est parfaitement absorbable et chaque récolte en absorbe autant qu'elle en trouve dans la terre jusqu'à saturation complète, si je puis m'exprimer ainsi, c'est-à-dire autant qu'il lui en faut pour qu'elle atteigne son développement maximum, pourvu, bien entendu, qu'elle trouve dans la terre les autres éléments en quantité suffisante, hypothèse que je ferai toujours dans ce qui va suivre. C'est encore l'emploi des engrais chimiques qui a mis ce point hors de doute. Il m'est donc permis de conclure que la fertilité d'une terre est proportionnelle à la quantité d'azote nitrique ou ammoniacal qu'elle contient, et qu'elle peut être par conséquent exprimée par le poids même de cet azote ou par des nombres proportionnels.

J'insiste sur ce point qui me paraît capital. Un sol complètement stérile, un sable blanc sans azote peut produire une bonne récolte de blé lorsqu'on lui fournit au fur et à mesure de ses besoins 60 kilos d'azote et qu'on lui donne du reste les quantités nécessaires de chaux, de phosphate et de potasse. Il est clair que pour ce terrain spécial qui ne conserve pas du tout l'eau ce n'est pas au commencement de la végétation qu'il faut fournir tout l'engrais, mais en cinq ou six fois au moins. Le même terrain produira 50.000 kilos de betteraves avec 80 kilos d'azote.

Fertilité apportée par le fumier. — Il est dès lors possible d'exprimer en nombre les quantités de fertilité qu'apportent au sol les engrais ou même les opérations de la culture. Le principal engrais employé dans la culture est le fumier de ferme, que je ne considère, bien entendu, que comme engrais azoté. Sa richesse dépend du régime et de l'espèce des animaux qui l'ont produit et de beaucoup d'autres conditions ; les tables de Wolf l'estiment à 5^{gr}. par kilo environ. En admettant cette richesse qui est peut-être un peu considérable pour les fumiers courants de la culture, on voit que 1.000 kilos contiennent 5 kilos d'azote. Le nombre 5 représenterait donc l'apport de fertilité de 1.000 kilos de fumier si tout l'azote était assimilable. Mais l'expérience prouve que la transformation de toute matière organique azotée en ammoniaque ou en acide nitrique consomme toujours une certaine quantité d'azote qui se dégage à l'état gazeux, et d'autre part que toujours une partie reste engagée dans des combinaisons organiques très stables et vient, par conséquent, augmenter le stock que contient déjà la terre sans en augmenter la fertilité. Il n'est pas exagéré d'évaluer à 1/4 de l'azote total chacune de ces 2 portions, et la partie susceptible de profiter aux récoltes est ainsi réduite à moitié. On sera donc près de la vérité en estimant à 2,5 la fertilité apportée par 1.000 kilos de fumier.

Les expériences de MM. Lawes et Guilbert paraissent même abaisser encore ce chiffre. Ces savants agronomes ont cultivé pendant vingt-six ans diverses parcelles de terre avec le même engrais. La parcelle qui a été cultivée avec le fumier de ferme recevait annuellement 35.000 kilos à l'hectare. Le rendement moyen a été :

Paille.	Grain.
4.071 kilos,	2.324 kilos,

contenant, d'après les tables de Wolf, 64 kilos d'azote.

Du reste, les agronomes conviennent généralement que le blé puise dans l'air 1/4 de l'azote qu'il consomme ; il en résulte que le blé a pris au fumier 50 kilos seulement d'azote, ce qui réduirait à 1,5 la fertilité apportée par 1.000 kilos de fumier. Si l'on considère que dans les expériences de MM. Lawes et Guilbert la parcelle sans engrais a rendu en moyenne :

Paille.	Grain.
1.491 kilos,	883 kilos,

on voit qu'il faudrait encore réduire ce chiffre.

Mais ces expériences ne paraissent pas avoir été instituées pour

montrer la valeur réelle du fumier, mais pour prouver au contraire
que le fumier était incapable de donner seul les rendements les plus
élevés en blé. Il a été employé en quantité trop considérable dans de
mauvaises conditions, enterré à l'automne, souvent, sans doute, par un
temps humide, dans une terre mal préparée, par conséquent, pour
favoriser la nitrification. Il n'est pas étonnant que la plus grande partie
de l'azote qu'il contenait soit restée inerte. Au surplus, d'autres expériences ont montré que le fumier n'agit pas proportionnellement à sa
masse. C'est ainsi que dans un champ d'expérience, établi sur une terre
médiocre du département de la Charente (Joulie, *Guide pour l'achat
des engrais*, p. 165), on a obtenu :

	Betteraves.	Excédants.
avec 60.000 kilos fumier	40.000	31.400
— 30.000 —	34.000	25.400
sans engrais	8.600	0

Les deux excédants sont entre eux comme 4/5, bien que les fumures
soient entre elles comme 1/2. D'autres essais ont donné le même résultat
pour le blé, et il faut conclure de là que les fumures trop considérables
ne sont pas avantageuses. J'en induis que le nombre de 2,5, pour la
fertilité apportée par 1.000 kilos de fumier, ne doit être admis que pour
les fumures de moins de 40.000 kilos à l'hectare. Dès lors, il n'y a
aucun intérêt à dépasser cette quantité, puisque, le contact de l'air ne
pouvant plus suffire à en produire la nitrification normale, il y a nécessairement perte d'éléments qui devraient être utilisés. Au contraire, à
la dose de 40.000 kilos le fumier produit tout l'effet qu'il est susceptible
de produire. Cette quantité, généralement employée dans le Nord, suffit
à donner, sans addition d'autres engrais, mais dans des terres parfaitement entretenues, une récolte de betteraves de 45.000 kilos à l'hectare
suivie d'un blé donnant 32 hectolitres.

Fertilité apportée par une jachère. — La jachère n'apporte point
d'azote à la terre, car si les pluies en apportent une certaine quantité,
les eaux d'infiltration et l'atmosphère en enlèvent peut-être davantage ;
mais elle transforme en nitrates et en ammoniaque une quantité plus
ou moins considérable d'azote organique. La fertilité acquise dépend
avant tout de la composition physique de la terre et des façons qu'elle
reçoit pendant la jachère.

Les façons doivent être assez fréquentes pour entretenir la terre
parfaitement meuble. Jusqu'à la semaille des blés 3 ou 4 façons suivies
de hersages suffisent généralement pour atteindre ce but ; mais dans
les terres argileuses il faut autant que possible donner un labour
profond avant l'hiver ; dans les terres légères, lorsque le sol n'est pas
couvert de plantes annuelles, le scarificateur peut remplacer la charrue.
La composition chimique de la terre n'aurait d'influence que si le stock

d'azote organique était trop faible ; ce qui arrive généralement quand la terre est trop légère et notamment dans les terres sableuses ou même seulement siliceuses qui ne contiennent pas plus de 2 ou 3 °/₀ d'argile. Dans ce cas, la jachère détruit une partie de la matière organique et rend la terre plus meuble, plus légère et plus perméable qu'elle ne l'était auparavant. L'azote rendu disponible est entraîné dans les profondeurs sans être utile à la récolte. La jachère ne fait que du mal. Lorsqu'elle n'est pas fumée, il est rare qu'elle laisse assez d'azote assimilable pour que la terre produise 12 hectolitres de blé, lorsqu'elle serait capable d'en produire 18 à 20 après une récolte sarclée, obtenue avec 25.000 kilos de fumier.

Les terres moyennes qui contiennent de la chaux ou qui sont régulièrement marnées n'ont pas non plus besoin de jachère, d'autant qu'elles sont généralement faciles à nettoyer.

Il n'y a guère que la catégorie des terres argileuses qui se trouve bien de la jachère. Mais ici la jachère produit presque toujours des résultats remarquables et il n'est pas rare de voir la terre produire autant et plus après une jachère sans fumier qu'après une récolte sarclée sur une terre ayant reçu 25.000 kilos de fumier de ferme. En 1881, j'ai nettoyé par une jachère complète une pièce de 5 hectares de terres légères à un bout, argilo-siliceuses à l'autre bout. J'ai semé du blé sans fumier ; la partie argileuse a donné une récolte de 24 hectolitres à l'hectare ; dans la partie siliceuse, le blé a gelé partiellement et je n'ai pas eu 8 hectolitres. Une partie de la pièce a été semée en avoine et ici encore la terre argileuse a rendu beaucoup plus que le sable.

Je ne prétends pas du tout cependant que dans ces terres mêmes, au moins en France, la jachère ne puisse se remplacer ou même qu'elle soit avantageuse. Il est certain, au contraire, que le climat chez nous est assez sec pour que les terres puissent sans son secours être mises en bon état de culture, et elle doit être, dans tous les cas, restreinte à quelques portions de terres fortes de la Lorraine, des Dombes et du bassin de la Garonne ; à moins que le sol ne soit tellement infesté de chiendent qu'il faille une année de culture pour l'en débarrasser complètement. En Ecosse, où les terres sont très fortes et le climat très humide, les plus instruits parmi les cultivateurs ont pris le parti de commencer leur assolement de 8 ans par une jachère complète ; et cette opération paraît nécessaire, car, les cultures ne pouvant en général s'y donner que pendant la saison humide, les terres finiraient par prendre une compacité et une ténacité telles que la culture en deviendrait très coûteuse en même temps qu'elles deviendraient impénétrables aux agents atmosphériques.

Il est facile de se rendre compte, du reste, d'après les rendements cités plus haut, de la quantité de fertilité produite par une jachère bien conduite. Dans les terres sableuses, la jachère ne fait pas pousser, en général, plus de 8 hectolitres de blé. 15 représente donc son apport de fertilité. Dans les terres fortes, la jachère produit, au contraire, un excédant de récolte de plus de 20 hectolitres, équivalant à 40 de fertilité.

Cette augmentation de fertilité produite par la jachère nous indique d'une manière évidente que 1.000 kil. de fumier ne donnent pas en réalité 2,5 de fertilité, qui ne devient du reste disponible que successivement. Il n'est pas possible, en effet, de séparer la fertilité apportée par le fumier de celle provenant des façons que reçoit une terre fumée. C'est ainsi que dans le Nord la terre est déchaumée avant que le fumier ne soit enterré ; elle reçoit ensuite un ou deux coups d'extirpateur suivis de hersages, avant le labour profond, suivi lui-même de façons d'ameublissement, qui précèdent la semaille des betteraves. Les betteraves reçoivent généralement, pendant leur croissance, 2 ou 3 façons qui, tout en détruisant les mauvaises herbes, ameublissent et aèrent la surface de la terre. Enfin la semaille des blés est précédée d'un labour et il n'est pas téméraire d'affirmer que toutes ces façons équivalent à peu près à une jachère complète. C'est leur ensemble qui donne au fumier la valeur 2,5 par 1.000 kilos, soit 100 pour 40.000 kilos. Ces considérations montrent assez l'importance qu'il y a de ne donner à la terre, surtout après une fumure, que des façons convenables. Des façons données par le mauvais temps diminuent de près de moitié la valeur de la fumure. L'agronome de Vogt dès le commencement de ce siècle avait reconnu l'importance de ces opérations pour la mise en valeur du fumier ; aussi, outre les cultures ordinaires, il donnait à la terre assez de façons pour l'ameublir complètement avant de l'ensemencer. Il estimait que ce supplément de culture produisait un excédant de récolte de 20 à 30 % et ce résultat l'avait amené à distinguer la fertilité de la terre en deux parties qu'il appelait : puissance, dépendant uniquement du stock de matières fertilisantes disponibles contenues dans le sol ; et richesse, qui n'était autre que la mise en valeur par les façons de la puissance non disponible du sol. Mais lorsque les façons sont bien données, et il me semble qu'il n'est pas possible de faire ici d'autre hypothèse, la fertilité qu'elles produisent est assez peu variable, et il est en définitive plus commode et plus simple de ne pas séparer la fertilité qui provient de la *puissance* de celle qui provient de la *richesse*.

Fertilité apportée 1° par le trèfle. — Si toutes les plantes puisaient l'azote dans la terre, la culture régulière et suivie serait impossible sans importation d'engrais azotés, et la jachère même finirait par ne plus permettre d'obtenir de chétives récoltes de blé. Heureusement il n'en est pas ainsi. Il est vrai que la chimie n'est pas parvenue encore à prendre sur le fait l'absorption d'azote atmosphérique par les plantes et que nous ne sommes en rien fixés sur les procédés de la nature à cet endroit. Mais nos pères savaient déjà que la terre pouvait produire un bon trèfle après une avoine ayant suivi un blé, c'est-à-dire lorsque l'azote assimilable était à peu près épuisé ; et après ce trèfle, ils obtenaient encore une récolte de blé et une d'avoine qui, à moins d'accidents à la levée ou pendant la végétation, étaient généralement supérieures aux deux récoltes qui avaient précédé le trèfle. Ainsi c'était un fait admis, comme on disait alors, que non seulement le trèfle ne dégraissait pas la terre, mais qu'au contraire, après une récolte très abondante, il la laissait encore plus grasse et d'autant plus que la récolte avait été plus abondante. Nos pères savaient aussi que c'était là une fertilité entièrement disponible ; il n'était pas besoin de façons pour la mettre en œuvre, puisque le blé était généralement semé sur un seul labour, méthode qui est encore du reste pratiquée aujourd'hui. La luzerne enrichit la terre de la même manière, mais elle va en plus puiser les principes minéraux qui lui sont nécessaires dans le sous-sol pour les rendre ensuite au fumier et en enrichir le sol. Les autres légumineuses, surtout celles qui sont récoltées à maturité, n'enrichissent pas autant le sol ou même ne l'enrichissent pas du tout. Ce qui se comprend du reste, puisque la maturation fait passer dans la graine tous les principes utiles contenus dans la racine, mais aucune ne l'appauvrit. La pratique de la Normandie justifie suffisamment cette affirmation, puisque dans ce pays la jachère est toujours remplacée pour 1/3 par le trèfle, 1/10 par les betteraves, pour le reste par des vesces et des pois Jarras qui sont récoltés à maturité. Cela n'empêche pas les bons cultivateurs de Normandie de récolter une moyenne de 22 hectolitres de blé à l'hectare sans l'emploi des engrais chimiques, alors qu'en Lorraine, et notamment dans la commune de Stainville où la jachère n'est presque plus pratiquée, où elle est remplacée par les pommes de terre et la betterave pour 1/3, les meilleurs cultivateurs arrivent difficilement à 20 hectolitres en moyenne.

La chimie rend compte de cette fertilisation des terres par le trèfle. En effet, l'illustre Boussingault, le véritable initiateur de la chimie agricole dont il contrôlait pratiquement les données dans son domaine de Bechelbronn, a trouvé que l'hectare de trèfle contenait 1.547 kilos de racines sèches avec une teneur de 1,8 % d'azote, soit 28 kilos. Si l'on ajoute que le regain qui suit la deuxième coupe est très souvent enterré et qu'il équivaut à 10 kilos d'azote, qu'enfin le trèfle est la plante qui perd le plus de feuilles par une fenaison même bien conduite et même pendant la végétation, et qu'il faut estimer ce déchet au moins à 1.000 kilos de fourrage desséché à 100, soit encore 30 kilos d'azote, on voit que la fertilisation sera toujours égale à 60, c'est-à-dire en définitive supérieure à la fertilité apportée par 24.000 kilos de fumier.

2° *Par la luzerne*. — Si la luzerne enrichissait la terre autant relativement que le trèfle, elle laisserait dans la terre chaque année 30 kilos d'azote et autant au moins dans les racines après le défrichement, c'est-à-dire un total de 150 kilos pour une luzerne de 4 ans. Mais l'expérience prouve que la luzerne est loin d'apporter à la terre autant de fertilité ; car après que l'on a récolté sur un défrichement de luzerne une excellente avoine et un blé ordinaire, il est rare que l'on obtienne une deuxième avoine, et celle-là ordinaire. La pratique démontre donc que la fertilisation par la luzerne n'est pas supérieure de plus de 1/3 à celle par le trèfle, c'est-à-dire à 90. A quoi attribuer cette différence ? Peut-être à ce que la luzerne se fane plus facilement que le trèfle et avec une perte moindre, ce qui est un fait positif. Mais cette explication n'est pas suffisante ; car la luzerne donne généralement un peu plus de fourrage que le trèfle et il ne doit pas y avoir une grande différence entre leurs pertes respectives. Au contraire, il est clair que les débris organiques qui s'accumulent sur la terre pendant 4 ou 5 ans, débris très ténus et facilement décomposables, perdent à l'air une partie de leur azote pendant qu'une autre partie entre dans des combinaisons inassimilables. Si cette hypothèse est vraie, une vieille luzerne de 7 ou 8 ans ne doit pas laisser plus de principes fertilisants qu'une jeune, l'azote des premières années étant complètement perdu. Or, l'expérience démontre effectivement qu'une luzerne de 3 ou 4 ans laisse dans la terre plus de principes fertilisants qu'une vieille, surtout lorsque celle-ci, usée peu à peu, s'est transformée en une mauvaise prairie, ce qui arrive régulièrement aujourd'hui pour les luzernes de plus de 4 ans. A cet âge, en effet, la luzerne a pénétré dans des couches épuisées par la luzerne précédente et les eaux d'infiltration qui ont enrichi depuis les couches supérieures du sous-sol n'ont pu amener encore aux couches inférieures les matières minérales qui entretiennent la vie de la luzerne ; dès lors la luzerne disparaît peu à peu ; mais la surface qui s'est enrichie beaucoup en azote et peu en phosphate se couvre de mousses et de graminées adventices de très mauvaise qualité, de telle sorte que l'on a à la fois une mauvaise récolte de fourrage et une terre épuisée. Il est clair d'ailleurs que c'est là un phénomène variable et que la luzerne pourra durer plus longtemps dans une terre très perméable et notamment dans les graviers calcaires. Est-il possible d'éviter cette perte d'azote ? Non, si l'on entend le mettre en réserve pour les plantes qui suivront la luzerne ; oui, au contraire, si l'on entend utiliser cet azote pour produire, en même temps que la luzerne, une autre récolte. Il suffit, pour cela, de semer avec la luzerne un peu de graminées à grand rendement : les dactyles, les Timothy, les fromental, les ray-grass d'Italie. Ces plantes ne se développent guère que la deuxième année ; à ce moment la surface du sol a déjà une réserve d'azote ; la terre se trouve mieux couverte et la récolte est augmentée. Lorsque la luzerne vieillit et disparaît, les graminées remplissent les vides et la durée de la prairie est augmentée. Or, pour une durée de 4 ans, la perte totale d'azote est de 30 kilos au moins, soit, en la répartissant sur les trois dernières, 10 kilos par an. En supposant, ce qui est sans doute près de la réalité, que les graminées prennent au sol autant d'azote que le blé pour la même production, les 10 kilos d'azote suffiraient à produire, chaque année, 2.000 kilos de fourrage ; dans tous les cas, il est certain que la place occupée pour la production de 1.000 kilos de graminées seulement, ne diminuerait pas sensiblement la récolte de la luzerne. C'est donc 1.000 kilos de fourrage que l'on obtiendrait en plus par an. C'est sans doute une des raisons pour lesquelles les Anglais mélangent toujours le ray-grass au trèfle, même quand ce mélange ne doit occuper la terre qu'un an. Il semble qu'ils y trouvent à la fois une plus forte production et une amélioration sensible de la qualité des fourrages ; pour la luzerne, il me semble que ce double bénéfice serait encore plus grand, sans compter que la durée de la plante serait sans doute augmentée, résultat qui n'est peut-être pas à dédaigner par ce temps de bon marché des céréales.

3° *Par les engrais verts.* — C'est par leurs racines et leurs feuilles que le trèfle et la luzerne enrichissent la terre. Il est clair que toutes les plantes sont capables d'augmenter de la même manière la fertilité du sol ; il apparaît aussi qu'une plante ainsi enterrée en vert enrichira d'autant plus la terre, qu'elle lui aura pris moins d'azote. A cet égard, le trèfle et les légumineuses sont des engrais verts de premier ordre, puisqu'ils ne prennent à la terre que des éléments minéraux. Or, les plantes enterrées en vert se décomposent avec une singulière facilité ; ce qui se comprend puisqu'elles sont très tendres, qu'elles ne contiennent que peu de cellulose et point de ligneux, matières qui renferment l'azote du fumier comme dans une gangue très difficile à décomposer. Ainsi, point de perte d'azote comme cela a lieu pendant l'entassement, le transport et l'épandage d'une matière à demi décomposée comme le fumier, moins de perte par la nitrification qui est beaucoup plus active. Il en résulte que les engrais verts fournissent aux plantes une matière presque aussi facilement absorbable que les engrais chimiques, et que les 3/4 au moins de leur azote viennent augmenter la fertilité du sol ; double qualité qui place les engrais verts bien au-dessus du fumier pour obtenir de grands rendements. Mais il faut que les engrais verts soit enterrés en fleurs, c'est le moment où ils sont le plus riches, et si on les fauche on doit les enterrer immédiatement. La dessiccation, en effet, fait subir aux tissus des plantes des modifications, le tissu cellulaire devient plus dur et augmente, la matière azotée adhère plus fortement sur ses parois ; c'est une faute de laisser sécher les plantes engrais, mais c'est une faute plus grande de ne pas les enterrer du tout : l'expérience prouve que dans ce cas elles ne rendent presque point d'azote au sol. Lors donc que le fourrage n'a pu être convenablement fané, il faut l'enlever du champ soit pour l'enterrer dans un autre, soit pour en faire de la litière.

Par sa grande production, par sa richesse en azote qu'il tire entièrement de l'air, par la richesse de ses racines, le trèfle est la première des plantes-engrais. Un bon trèfle peut produire facilement dans les deux coupes 20.000 kilos de fourrage vert, qui contiendraient 140 kilos d'azote et apporteraient à la terre au moins 105 de fertilité. Si l'on pouvait enterrer les deux coupes dans la terre qui l'a porté, ce qui est évidemment impossible, cet ensemble, équivalent de 60.000 kilos de fumier avec l'éteule, produirait certainement plus d'effet et plus vite. Au prix actuel de 2 fr. le kilo d'azote nitrique, une récolte de trèfle vaudrait donc comme engrais 210 fr. Lorsque le foin de trèfle vaut 50 fr. les 1.000 kilos, ce qui est le prix actuel, la récolte ne vaut que 350 fr. La différence 140 fr. est en partie couverte par les frais de fanage. Cependant on persuade difficilement les trois quarts de nos cultivateurs de l'avantage qu'il y aurait pour eux d'enterrer une récolte de trèfle ; il est vrai que l'on peut en tirer parti autrement sans grands frais en faisant pâturer les deux coupes. Une expérience renouvelée plusieurs fois m'a montré que l'ensemble de ce double pâturage et de l'éteule équivaut facilement à une éteule de luzerne ; c'est donc 30 de fertilité que le pâturage a apporté. On peut encore enterrer seulement la deuxième coupe qui donne d'habitude 7 à 8.000 kilos de fourrage vert et équivaut à 30 de fertilité. Les cultivateurs qui emploient le trèfle comme engrais vert n'enterrent généralement que la deuxième coupe ; ils fanent la première plutôt que de la transporter verte sur un champ voisin pour l'y enterrer. D'autres enterrent au printemps de jeunes trèfles semés l'année précédente pour les remplacer par une avoine ou une orge. C'est une bonne pratique qui augmente à peu de frais la récolte qui suit. Car les façons supplémentaires que reçoit habituellement la terre qui doit porter l'une de ces deux récoltes coûtent au moins autant que la semaille de trèfle et n'augmentent pas autant les rendements.

Aussi n'est-ce pas un des moindres étonnements des jeunes cultivateurs, qui parcourent le nord de la France pour y compléter leur apprentissage, de voir enfouir en avril ou en octobre des trèfles pleins de vigueur et de promesses. Il leur semble que ce soit sacrifier un bon *tiens* pour courir après l'espérance d'un *tu l'auras ;* mais les éminents praticiens qui n'hésitent pas, surtout au début d'une entreprise agricole, à faire de pareils sacrifices, savent bien qu'un peu plus tard ils en seront largement payés. Du reste, comme le trèfle accomplit dans une céréale la première partie de sa végétation, il n'occupe la terre que peu de temps et ne tient pas la place d'une récolte principale. Sa réussite est plus certaine que celle de toute autre récolte intercalaire, et c'est là encore une des raisons qui doivent le faire préférer.

Dans ces dernières années le trèfle a été prôné par des agronomes qui à des titres divers ont obtenu la célébrité. Le premier, M. Goetz, est l'auteur d'un système de culture fondé sur les prairies artificielles, composées de plantes à grand rendement et spécialement de graminées. Comme il emploie presque tous ses fumiers à la production de ces prairies, ce qui ne paraît pas très rationnel, il en demande un supplément à la culture du trèfle comme engrais vert ; il le sème de bonne heure au printemps dans le blé, recommande de faucher haut pour respecter le trèfle déjà fort, et d'enterrer la plante aussitôt qu'elle est en fleurs, ce qui arrive généralement, sous le climat de Paris, dans le courant de septembre.

Le système de M. Ville est analogue. Ce savant, qui a rendu à la culture des services réels, puisqu'il a été en France le principal initiateur des engrais chimiques, a donné un nom nouveau à cette culture déjà ancienne du trèfle pour engrais ; il en a fait la culture sidérale. A l'aide du chlorure de potassium à haute dose, il élève le trèfle à sa production maximum et l'enterre aussitôt que la première coupe est en fleurs. Son système soulève, du reste, des objections de plus d'un ordre et mérite d'être examiné à part.

D'autres illustres agronomes ont préconisé d'autres engrais verts. De Vogt semait généralement de la spergule, plante fort cultivée en Allemagne et qui pousse très vite. Il est certain que le trèfle ne pourrait pas toujours être employé au début d'une entreprise agricole ; par exemple, l'on peut prendre une ferme déjà épuisée de trèfle, ou bien recevoir les terres en trop mauvais état pour pouvoir semer cette plante dans les avoines du fermier sortant, en supposant que ce dernier y consente. La jachère est dans ce cas une opération indiquée, et l'on peut suppléer au manque de fumier par l'enfouissement d'une plante-engrais. Le sarrasin et la spergule paraissent être les plus convenables parce que leurs exigences en azote sont minimes ou même nulles, et leurs produits relativement élevés. Semées au mois de juillet après les opérations que nécessite un nettoyage complet de la terre, elles donneront un engrais vert équivalent à 50 de fertilité environ. D'autres ont préconisé la navette ou même le colza ; ces plantes ne conviendraient pas dans le cas qui nous occupe, elles ne végètent bien que dans les terres fertiles. M. Joulie préconise le colza comme engrais vert après un blé fait sur une luzerne rompue. Je ne crois pas que le colza convienne dans ce cas ; il ne pousse bien que lorsqu'il y a dans la terre abondance ou même surabondance d'azote. A tous les points de vue, le sarrasin me paraît plus convenable.

Fertilité apportée par la demi-jachère. — Voici encore un autre engrais vert. La minette a l'avantage de pousser très vite au printemps. Sous le climat de Paris, elle est en pleine fleur dès le commencement de mai ; avec cela, elle est semée au printemps dans une céréale ;

comme le trèfle, elle pourrait donc parfaitement servir d'engrais vert
que l'on enterrerait sur la fin d'avril pour semer de l'orge. Les cultivateurs préfèrent généralement la faire manger sur pied au mois de mai
et enterrer immédiatement le reste du pâturage ; ils estiment que cet
apport d'engrais équivaut à plus de 20.000 kilos de fumier. La minette
est, en effet, une plante améliorante comme le trèfle ; elle améliore ici
par ses racines, ses tiges et les excréments des animaux qui l'ont pâturée ; et tout cela profite au sol, car la minette ne lui a pas pris d'azote.
La terre qui a porté la plante est ensuite cultivée jusqu'à la semaille
des blés : c'est là l'opération que l'on a nommée en Brie demi-jachère.
Comme culture, c'est en réalité une jachère complète ; car la terre en
jachère, dans la plus grande partie des contrées de France, n'est guère
cultivée avant le mois de mai. Mais quelle différence au point de vue
économique ! Par la fumure et les façons, la demi-jachère donne au sol
une fertilité *moyenne* de 80, savoir : 50 par la fumure et 30 par les
façons, d'après les données indiquées plus haut ; au lieu que la jachère,
dans *les meilleures conditions*, n'apporte pas plus de 25 de fertilité.
Elle nettoie tout aussi bien les terres que la jachère ; enfin, elle paie
largement par ses produits la rente du sol et les façons qu'on lui donne.
Il n'est pas étonnant que cette opération soit couramment faite dans
l'une des parties les mieux cultivées du sol français, en Brie, où son
adoption est certainement l'une des causes du maintien de l'assolement
triennal.

Des prairies. — Voici la dernière culture améliorante, je veux dire
fertilisante, que nous avons à examiner. Les prairies apportent-elles
réellement de la fertilité au sol, ou bien le laissent-elles aussi fertile,
ou bien l'appauvrissent-elles ? La plus grande partie des cultivateurs
admettent que les prairies enrichissent le sol ; mais ici, comme en beaucoup de cas, et plus que pour toute autre culture, il y a lieu de distinguer. Il y a des prairies qui enrichissent, il y en a d'autres qui appauvrissent le sol.

M. Goetz préconise pour les prairies l'emploi de graminées à grand
rendement appropriées au sol, d'après un procédé sur lequel je ne veux
pas insister. Il paraît que, par ce système, on obtient des rendements
de 15.000 kilos à l'hectare de fourrage sec. C'est presque le double de
ce que peut rendre une bonne luzerne ; mais cette forte production
n'est obtenue que sur une terre très riche, à l'aide d'une forte fumure
initiale qui fait de la terre une sorte de couche ; et, du reste, la prairie
ne peut continuer de prospérer qu'à l'aide de très fortes fumures données chaque année avant l'hiver. Si une pareille prairie était capable
d'enrichir le sol, ce serait, ce me semble, grâce au fumier que son
entretien nécessite.

Il est certain que le blé et les céréales prennent au sol les 3/4 de
leur azote. Et il est admissible que les graminées, qui sont très voisines

des céréales au point de vue botanique, en sont aussi physiologiquement très voisines, c'est-à-dire qu'elles prennent au sol les mêmes éléments dans des proportions variables, il est vrai, mais dans des limites assez peu étendues. M. Joulie, qui a étudié les prairies au point de vue de leur exigence en engrais et de leur production en fourrage, a trouvé que 10.000 kilos de fourrage contiennent en moyenne :

	Az.	Acide phosphorique.	Potasse.	Chaux.
Graminées	113,7	47,7	190,7	44,7
Légumineuses 229 k.		94,7	281,6	146,5

Les échantillons choisis dans les cultures de MM. Vilmorin à Verrières, c'est-à-dire ayant poussé sur des terres abondamment pourvues de tous les principes nécessaires à leur végétation, ont pris le développement que peut leur donner une culture rationnelle et peuvent être considérés, si je puis m'exprimer ainsi, comme des plantes normales. Or, si nous rapprochons de ces chiffres ceux que le même agronome a obtenus pour une récolte sèche de blé prise à la floraison, c'est-à-dire à l'époque correspondante à peu près à la fenaison, nous voyons que 10.000 kilos de blé contiennent en moyenne à ce moment :

Az.	Acide phosphorique	Chaux.	Potasse.
124	44	36	170

Voilà une composition qui se rapproche singulièrement de la composition moyenne des graminées. Et il n'est pas déraisonnable d'en induire que les graminées, qui absorbent les éléments minéraux du sol dans la proportion exactement la même que le blé, se comportent aussi comme cette plante à l'égard de l'azote, et ainsi ne prennent à l'air qu'une très petite partie de ce qui leur est nécessaire.

Or M. Joulie, dont l'autorité est considérable en ces matières, pense, au contraire, que les prairies fertilisent la terre, et il appuie son opinion sur l'analyse de 35 sols de prairies dans lesquels il a trouvé en moyenne plus de 16.000 kilos d'azote à l'hectare, au lieu que les terres arables très fertiles n'en contiennent généralement pas plus de 4.000 kilos. Mais il résulte des explications de M. Joulie qu'il s'agit ici de prairies permanentes très anciennement établies. Or, on sait que nos pères établissaient leurs prés sur les meilleures terres, sur des terres de vallées très fréquemment inondées, et qui possédaient déjà au moment de la création de la prairie un stock d'azote bien supérieur à celui des terres arables ordinaires. Que ce stock ait augmenté depuis, je l'accorde facilement ; mais c'est un fait assez connu des cultivateurs, que l'on ne peut maintenir les prairies de graminées dans un état convenable de production sans un apport annuel d'engrais. Presque toutes nos prairies naturelles de France sont dans ces conditions. Le fauchage des regains est une habitude moderne ; ils étaient toujours pâturés, et l'appoint d'azote que ce pâturage apportait aurait suffi à empêcher l'épuisement du stock. Mais, outre cela, l'inondation périodique ou l'arrosage méthodique pour les prés de vallées, l'écoulement ou l'infiltration des eaux supérieures pour les prairies sèches situées dans les parties inférieures des coteaux ; enfin le parcage continuel pour les herbages de Normandie et du Nivernais expliquent suffisamment l'accroissement d'azote, pour qu'il ne soit pas nécessaire d'affirmer que les plantes de prairies ont pris à l'atmosphère tout ce qui leur était nécessaire.

J'ai supposé jusqu'ici une prairie composée uniquement de graminées. Or, dans le système de culture d'autrefois, les prairies se créaient toutes seules, rarement par le semis de balayures de grenier. Les plantes s'établissaient sur le sol où elles trouvaient une nourriture abondante et de leur goût ; puis, lorsqu'elles avaient épuisé les éléments du sol qui leur servaient de nourriture, elles disparaissaient pour faire place à d'autres, ayant ou de moindres exigences ou des exigences autres, leur production restant toujours, du reste, en rapport avec les principes immédiatement absorbables du sol. C'est ainsi que la plupart des prairies contiennent, outre des graminées, des légumineuses et beaucoup de plantes de la famille des composées, qui disparaissent et reviennent pour s'en aller de nouveau et reparaître encore. Or, ces deux dernières familles de plantes laissent certainement au sol plus d'azote qu'elles ne lui en prennent. On voit donc que la quantité d'azote enlevée annuellement au sol par une récolte de foin qui n'arrive pas en moyenne à 5.000 kilos à l'hectare, y compris le regain, est en définitive minime. Elle est inférieure à 15 kilos ; il est clair que les prairies de vallée en reçoivent généralement davantage. De là, enrichissement du sol sans qu'on puisse rien en conclure relativement à la cause de cette augmentation d'azote.

Ces considérations théoriques sont complètement d'accord avec les résultats des expériences de MM. Lawes et Guilbert, continuées pendant vingt ans sur différentes parcelles de pré. Voici les résultats trouvés par ces savants agronomes :

	Foin par hect.	Excédant.
Terre sans engrais..............	2.669	0
Engrais minéraux tous les ans...	4.433	1.775
Nitrate de soude................	4.444	1.775
Engrais complet nitrate de soude.	7.176	4.507

L'action des engrais azotés est ainsi mise hors de doute ; et, si les engrais minéraux ont produit autant d'effet que le nitrate seul, cela tient évidemment à ce qu'ils ont modifié la flore de la prairie en y faisant prédominer les légumineuses qui ne consomment pas d'azote. La conclusion de ces messieurs est, du reste, que les prairies n'enrichissent pas le sol.

Voilà sans doute une digression un peu longue sur les prairies permanentes, dont l'étude ne rentre point du tout dans celle des assolements ; mais elle était nécessaire pour éclairer celle des prairies temporaires, sur lesquelles on n'a pas encore expérimenté méthodiquement. D'après ce que j'ai exposé, il est clair que la fertilité laissée dans le sol par une prairie dépendra, avant tout, de sa composition botanique ; la prairie Goetz, entièrement composée de graminées à grand rendement, épuise la terre d'azote au moins autant et sans doute un peu plus, suivant les rendements, qu'une récolte de blé. Si donc elle dure quatre ans, et M. Goetz prétend qu'elle peut et doit durer davantage, c'est au moins 240 kil. d'azote qu'elle aura consommés ; elle aura consommé dans la proportion indiquée plus haut des phosphates et de la potasse, c'est-à-dire, sensiblement plus qu'une récolte de blé. On voit donc que, pour maintenir le rendement de la prairie, il faudra lui donner les trois dernières années une fumure de 35.000 kilos à l'hectare au moins, eu égard au peu d'effet des fumures données en couverture, et encore la terre se trouvera sans doute appauvrie. La création de prairies Goetz n'est donc pas une bonne opération pour la fertilisation des terres.

Mais il y a heureusement d'autres prairies, et celles-là vraiment améliorantes : ce sont les prairies de graminées et de légumineuses mélangées, soumises alternativement au fauchage et au pâturage ; or, c'est cette possibilité d'alterner qui constitue incontestablement le grand avantage des prairies. Si, en effet, une prairie temporaire de graminées n'est destinée qu'à fournir du foin, elle est inférieure certainement à une luzerne qui, sur un sol aussi fertile que celui de la prairie, et mélangée de 1/4 de graminées, donnera sans doute, tout en enrichissant le sol, un produit au moins égal en quantité et supérieur en qualité et en valeur nutritive, sans qu'il soit besoin de fumier pour l'entretenir. Il y a très peu de terres fertiles qui ne puissent porter de luzerne ; mais en supposant même que le climat ou le sol s'opposent à cette culture, j'espère démontrer plus loin qu'avec des soins convenables le trèfle peut revenir tous les quatre ans sur la même terre ; et c'est un fait connu qu'en Angleterre il donne des produits au moins égaux à ceux des prairies Goetz. Mais les prairies où les légumineuses dominent surtout la luzerne ne sont nullement propres au pâturage auquel les prairies à base de graminées se prêtent si merveilleusement, et dont j'exposerai plus loin les avantages.

Dans ces prairies temporaires, les trèfles et les légumineuses, en général, mais surtout le trèfle rouge, prennent tout d'abord un grand développement ; ce n'est que la deuxième année que les graminées commencent à occuper le sol. Si l'on sème suffisamment de trèfles de toute espèce, dont 2/3 de trèfle rouge, et 1/3 à peu près de ce qu'il faudrait de graminées si elles devaient occuper seules la terre, on a toujours une prairie presque entièrement composée de légumineuses pendant

la première année, au moins pour 5/6. Cette prairie, convenablement
entretenue par des engrais minéraux qui restituent à la terre tout ce
que la récolte d'un an lui a enlevé, produit encore, la deuxième année,
des légumineuses pour moitié ; d'après cela, la production de la deuxième
année n'appauvrit pas le sol, et celle de la première année l'enrichit
presque autant qu'une récolte de trèfle. Le pâturage commence à l'automne de la deuxième année, avec un engrais minéral approprié ; et
bien que le trèfle rouge ne dure pas plus de deux ans, mais puisse durer
ce temps, l'équilibre se maintient entre les légumineuses et les graminées, et les deux dernières années de pâturage enrichissent, par conséquent, le sol de tout ce que le bétail lui laisse. S'il s'agit de bétail à
l'engrais qui reste nuit et jour dans le pré, l'enrichissement du sol peut
être évalué à la moitié de l'azote contenu dans la récolte, le reste étant
perdu à l'air. Si le pré est consommé par les moutons qui restent en
pâture neuf heures, l'enrichissement est évidemment $9/24 \times 1/2 = 3/16$
de l'azote de la récolte. Enfin, pour du gros bétail qui ne pâturerait que
quatre heures par jour, l'enrichissement ne serait plus que $4/24 \times 1/2$
$= 1/12$ (1).

D'autre part, les recherches de M. Joulie ont démontré que la quantité d'azote contenue dans la récolte d'une prairie pâturée est plus
grande que dans celle de la même prairie fauchée ; c'est-à-dire que, si
une récolte fauchée de 10.000 kilos de foin contient 140 kilos d'azote,
l'herbe pâturée en contiendrait au moins 160 kilos ; l'enrichissement
annuel est donc, dans le cas d'un pâturage continu (2), de 80, soit pendant deux ans et en tenant compte de la première année de fauchage,
190 ; pour un pâturage discontinu par les moutons, 90, et par les
vaches, 55.

Une prairie de quatre ans, établie dans les conditions que je viens de
décrire et pâturée par des vaches, les deux dernières, laisserait donc
dans la terre la même quantité de fertilité à peu près qu'une éteule de
trèfle.

Une prairie pâturée par des bêtes à l'engrais laisserait une quantité
d'azote beaucoup plus considérable qu'une éteule de luzerne.

J'ai eu occasion de vérifier pratiquement ces conclusions. J'ai semé, en
1879, des prairies dont j'ai défriché, en 1884, un hectare ; et, en 1885,
3 hectares à peu près. Elles étaient établies : la première sur un sol très
fertile, les trois autres sur des sols médiocres, et ont été composées à
peu près de la même manière, de trèfle rouge pour 2/3 de ce que la
terre exige d'habitude ; le reste se composait presque entièrement de
graminées. Or, la prairie que j'ai défrichée en 1884 fut établie sur une

(1) En réalité, le pâturage des moutons n'enrichit pas plus que celui du gros
bétail, parce que le mouton empêche l'herbe de pousser.
(2) Pâturage *continu* ne veut pas dire pâturage *continuel*. Il faut au contraire
ne laisser pâturer que de l'herbe ayant un mois de pousse.

terre qui avait porté, en 1877, un trèfle dont la deuxième coupe avait été pâturée par des animaux au piquet. Les graminées y réussirent mieux que le trèfle qui disparut au bout de la première année, bien que en 1880 la prairie ait été pâturée ; la première coupe fut fauchée en 1881 et 1882, et donna environ 3.500 kilos de fourrage à l'hectare. Enfin, en 1883, la prairie donna un pâturage médiocre ; chaque année le regain fut pâturé. Si l'on applique à cette prairie les principes que je viens d'exposer, on voit qu'elle a gagné, la première année, 35 de fertilité qui ont été consommés les deux années suivantes ; et qu'enfin le pâturage de la dernière année a sensiblement restitué à la terre les principes fertilisants que la prairie lui enlevait cette année-là. Elle a donc dû, en définitive, laisser la terre dans l'état de fertilité où elle se trouvait avant la création de la prairie. C'est, en effet, ce qui est arrivé ; car l'avoine que j'ai obtenue après le défrichement a été un peu inférieure à celle qui avait précédé la prairie.

Quant à celles qui ont été rompues en 1885, elles ont produit, en 1880, un foin composé de 2/3 de trèfle ; elles ont reçu, l'hiver suivant, une légère fumure. Les deux années suivantes, elles ont produit environ 2.500 kilos de fourrage à l'hectare, presque entièrement composé de graminées. Mais le trèfle blanc a reparu à la fin de 1882, et les deux dernières récoltes ont été pâturées par les moutons. A l'aide des principes précédents, on voit que la première année a enrichi la terre de 35 en tenant compte de l'éteule de trèfle. Avec la quantité d'azote apportée par la fumure, la prairie ainsi enrichie a pu donner, en 1881 et 1882, une petite coupe ; mais les légumineuses ayant reparu les deux dernières années, la prairie n'a plus consommé que fort peu d'azote, moins de 7 kilos par an, en supposant que les légumineuses aient fourni 1/3 de la récolte. Le pâturage en ayant apporté autant par an, et même sans doute un peu plus, la terre s'est trouvée aussi riche, c'est-à-dire aussi pauvre qu'auparavant.

Concluons donc de cette étude sommaire que les prairies de graminées appauvrissent annuellement le sol à peu près autant que s'il produisait le même poids de blé en fleur ; que les prairies au mélange de graminées et de légumineuses, lorsqu'on fait prédominer les légumineuses la première année et que l'on donne à la terre les engrais nécessaires pour qu'elles en occupent toujours la moitié, enrichissent toujours le sol.

Plantes épuisantes. — Cette fertilité que le sol acquiert soit par les engrais, soit par l'enfouissement de certaines plantes ou même par leur simple production, est employée à en faire pousser d'autres qui l'épuisent. Il est aussi nécessaire d'exprimer en nombres cet épuisement du sol qu'il est nécessaire de savoir mesurer l'enrichissement.

Or, les plantes épuisantes sont, à des degrés divers, les céréales, le colza, la betterave et la pomme de terre. D'autres plantes encore assurément. Mais celles que je viens de citer sont les principales que l'on fait entrer dans les assolements.

Blé. — Les plus épuisantes d'entre elles sont sans doute les céréales, et parmi les céréales le blé. Une récolte de blé de 30 hectolitres contient en moyenne d'après les tables de Wolf 53 kilos d'azote dans le grain et 21 kilos dans la paille (ce dernier chiffre peut-être un peu faible). Cela fait en nombre rond 75 kilos. Mais ce n'est pas à la maturité que la plante contient le plus d'azote, c'est un peu après la floraison ; la différence est de plus de 1/10. C'est donc de 80 à 85 kilos d'azote que contient la plante lorsqu'elle en contient le plus. Cependant, M. Ville enseigne que 60 kilos d'azote sont suffisants pour obtenir les récoltes de 30 hectolitres qu'il obtenait d'habitude au champ d'expériences de Vincennes. Il faudrait conclure de là que la plante puise dans les réserves de la terre ou dans l'atmosphère les 20 kilos qui manquent. Il y a une quinzaine d'années on n'admettait pas que les plantes, le blé surtout, pussent assimiler l'azote de l'atmosphère, mais les opinions ont changé depuis. L'absorption de l'azote atmosphérique soit en nature, soit après sa transformation en ammoniaque, est un fait acquis, et il serait irrationnel d'admettre que c'est là une propriété particulière à certaines plantes et non pas une propriété générale. Il est donc parfaitement admissible que le blé prenne dans l'air les 20 kilos d'azote dont il a besoin pour achever son développement. D'autre part il ne contient plus à la moisson que 75 kilos d'azote ; il en résulte que le blé produisant 30 hectolitres ne consomme guère que 50 à 55 kilos d'azote, soit 1 k. 840 gr. à 1,750 par hectolitre de blé. Il résulterait de là que 22.000 kilos de fumier suffiraient pour produire une récolte de 30 hectolitres de blé ; l'expérience prouve cependant que, pour atteindre ce rendement sur une terre pauvre, il faut une fumure de 35.000 kilos enterrée quelques mois avant la semaille, et ce résultat n'est pas atteint d'une manière certaine. Si l'année est favorable à la décomposition du fumier, le blé peut devenir trop vigoureux et verser par manque de phosphate que le fumier ne lui fournit pas en assez grande quantité. Voilà un fait qui nous permet d'induire que le blé ne doit pas être semé immédiatement sur un sol fumé, bien que ce soit une pratique suivie dans beaucoup de pays de France, même de culture avancée, en Normandie notamment. Un deuxième inconvénient d'une forte fumure pour la culture du blé, est que cette plante n'utilise pas tout l'engrais qu'on lui a donné. Les agronomes et les cultivateurs praticiens sont d'accord pour admettre qu'elle n'en utilise que les 2/3 ou même un peu moins. La terre peut en général, il est vrai, absorber le reste et le rendre à la récolte suivante, excepté lorsqu'elle est trop légère et trop perméable. Aussi ces sortes de terres sont-elles loin de produire par la culture triennale en raison du fumier qu'elles reçoivent, parce qu'une grande partie de ses principes fertilisants est entraînée dans les profondeurs avant d'avoir pu être utilisée ; dans les sols compacts ou froids au contraire, la nitrification marche plus ou moins régulièrement, et une partie importante de l'azote devient inutilisable.

Autres céréales. — L'engrais restant est utilisé dans l'assolement triennal par la production d'une récolte de seigle, d'avoine ou d'orge. Les tables de Wolf nous indiquent que, pour une production de 25 quintaux, ces trois plantes exigent à peu près la même quantité d'azote soit environ 60 kilos, un peu moins peut-être pour l'orge. Si l'on admet que ces plantes prennent comme le blé dans l'air le 1/4 de l'azote dont elles ont besoin, il faut que la terre fournisse à la récolte 45 kilos d'azote, c'est-à-dire, autant que 18.000 kilos de fumier en contiennent d'utilisable. Une fumure de 35.000 kilos ne peut donc pas suffire pour donner une récolte de blé de 30 hectolitres et une d'avoine de 25 quintaux. Aussi, ces rendements ne sont-ils jamais obtenus avec l'assolement de trois ans, même dans les fermes les mieux exploitées, lorsque l'on n'emploie pas régulièrement les engrais chimiques.

S'il est difficile d'obtenir après un blé une récolte de 25 quintaux d'avoine, il est encore plus difficile d'obtenir 25 quintaux d'orge. A cet égard il semble que les tables de Wolf nous renseignent mal en indiquant qu'une récolte d'orge a les mêmes exigences qu'une récolte d'avoine. Tous les cultivateurs praticiens savent en effet que, pour obtenir une bonne récolte d'orge dans une terre non épuisée et capable de porter une bonne avoine, il faut donner en plus 2 ou 3 façons, de manière à ameublir complètement le sol ; et la plupart, pour être sûrs de réussir, donnent en plus deux ou trois mois avant la semaille une fumure de 10 à 15.000 kilos de fumier.

Si l'orge paraît être plus exigeante que l'avoine, il semble que le seigle le soit un peu moins. On lui réserve les terres les plus légères et les moins fertiles, et il y prospère quand elles ne sont pas épuisées ; il semble donc, ou que les tables de Wolf sont erronées, ou que le seigle puise dans l'atmosphère une grande partie de l'azote qu'il exige au lieu de le puiser dans le sol, tandis que l'orge prendrait plus au sol et moins à l'atmosphère. Mais il faut considérer que le seigle est une plante à végétation lente, il occupe la terre depuis la fin de septembre jusqu'au commencement de juillet sous le climat très favorable de Paris, et pendant cette longue période de neuf mois et demi il végète continuellement, sauf pendant deux mois environ. Pendant sept mois il puise dans le sol les aliments dont il a besoin, à mesure qu'ils deviennent assimilables ; il utilise notamment les éléments devenus solubles dans le sol depuis l'enlèvement de la récolte précédente, avant que les pluies de l'hiver les aient entraînés. C'est pour la même cause assurément que le blé de printemps paraît plus exigeant que le blé d'automne ; mais on comprend qu'elle agisse surtout dans les sols sableux ou trop perméables : c'est pour cela que l'on peut récolter de bons seigles là où les avoines et surtout les orges laissent fréquemment à désirer. L'avoine qui occupe la terre depuis le commencement de mars jusqu'au commencement d'août, y puise pendant près de cinq mois la nourriture dont elle a besoin. Dans les terres moyennes ou compactes labourées d'hiver, elle réussit aussi bien que le seigle puisque la nitrification peut s'y opérer et que la terre est capable d'absorber et de tenir en réserve les nitrates produits. L'orge, au contraire, n'est semée qu'en avril. Elle ne commence à végéter que vers le 25, et elle est récoltée en même temps que le blé avant la fin de juillet, de sorte que, déduction faite du temps nécessaire pour la maturation, elle n'occupe le sol que pendant deux mois et demi. C'est dans ce court espace de temps qu'elle doit y puiser à peu près autant d'azote que le seigle et l'avoine, après les pertes que la terre a nécessairement subies pendant le long espace de temps qu'elle est restée inoccupée. On comprend donc que cette plante ne puisse réussir dans l'assolement triennal que sur les terres moyennes, surtout lorsqu'elles sont marnées et très bien cultivées.

Je conclus donc qu'une récolte de seigle de 25 quintaux exige que la récolte précédente ait laissé en puissance dans le sol 45 de fertilité. Une récolte d'avoine exigerait suivant les terres de 45 à 55 ; enfin, une récolte d'orge de 50 à 70, c'est-à-dire, en moyenne, autant que le blé.

Colza. — Le colza est une des plantes qui consomment le plus d'azote. Mais il n'en prend dans la terre qu'une partie. M. Ville enseigne en effet que 70 kilos d'azote suffisent pour produire une récolte de colza de 40 hectolitres contenant dans le grain, la paille et les siliques plus de 200 kilos d'azote. Il est vrai que les tables de Wolf n'indiquent guère pour une pareille production qu'une teneur de 100 kilos d'azote ; mais il semble admissible qu'il faut ajouter quelque chose à ce chiffre, et l'on peut croire que le colza ne prend à la terre que la moitié de l'azote qu'il consomme. Au surplus cela n'a pas une bien grande importance ici, et il suffit de savoir qu'il faut au colza 70 kilos d'azote pour produire 40 hectolitres de grain. Une pareille récolte devrait donc être obtenue avec 28.000 kilos de fumier. Cependant l'expérience démontre que, lorsque le colza est semé en place, ce rendement n'est jamais atteint, quelle que soit la fumure donnée au sol. De Vogt, qui semait au semoir, qui cultivait deux fois à la houe à cheval, et qui enterrait en deux fois soixante voitures de fumier, soit plus de 60.000 kilos, n'obtenait pas néanmoins plus de 38 hectolitres à l'hectare. Il est clair d'après cela qu'il ne convient pas de cultiver le colza en place sur un champ nouvellement fumé. Il semblerait cependant qu'une plante qui occupe le sol pendant près d'une année a tout le temps nécessaire pour lui enlever tous les éléments dont elle a besoin lorsque, du reste, il est suffisamment riche. Mais il faut remarquer qu'à la différence de beaucoup d'autres plantes, le colza est très exigeant dès le commencement de sa croissance. Si la nourriture lui manque à ce moment, il végète, il ne prend pas avant l'hiver son développement normal ; c'est en vain qu'il trouverait après l'hiver une nourriture surabondante si ses racines n'ont pas pris le développement nécessaire pour pouvoir l'utiliser.

Or cet accident qui arrive fréquemment pour les colzas semés en place, lesquels peuvent être trop drus ou manqués en partie, est plus rare pour les colzas repiqués. Ceux-ci se nourrissent successivement dans deux terres fortement fumées ; et, lorsque leur première végétation a épuisé tous les principes fertilisants disponibles de la première, ils trouvent dans la seconde la nourriture et l'espace nécessaires pour prendre avant l'hiver leur développement normal. Or si on admet, ce qui doit être sensiblement vrai, que le colza repiqué prend dans l'air une proportion un peu plus forte d'azote que dans le commencement de sa végétation, puisque alors ses organes de nutrition et de respiration sont développés, on voit que la plante n'aura plus à prendre que la moitié de l'azote qu'elle consomme. Elle sera moins épuisante que le blé, et ses besoins seront mieux répartis pendant le temps de sa croissance que ceux du colza semé en place. Dès lors, une fumure de 40.000 kilos à l'hectare devra suffire pour la production d'une récolte de 40 hectolitres, et l'expérience prouve qu'il en est ainsi. J'ajoute que le repiquage permet de faire succéder le colza à une récolte de céréales, au lieu que le semis en place doit presque toujours se faire après une jachère complète. Enfin on admet généralement qu'il faut 1 hectare de pépinière pour planter 4 hectares de colza. Mais, lorsque la pépinière est bien réussie, on peut facilement en planter 6 ; c'est donc seulement 1/5 de la surface à planter qu'il s'agit de bien préparer pour que le semis puisse se faire vers le milieu de juillet. Et, ici, il ne faut pas craindre d'employer plus de 50.000 kilos de fumier à l'hectare.

Ainsi, suivant le mode de culture, le colza exige de 50 à 70 de fertilité ; et, si l'on tient compte des exigences de la pépinière, il faut pour 1 hectare de colza semé en place 60.000 kilos de fumier au moins, et pour 1 hectare repiqué 50.000 kilos de fumier au plus. Cette dernière méthode laisse, il est vrai, la terre un peu moins riche peut-être, mais c'est là un point secondaire pour le cultivateur judicieux, qui sait bien qu'il n'est pas raisonnable de faire à la terre de trop grandes avances de fumier.

Betterave. — On a beaucoup écrit et beaucoup varié sur la betterave comme sur tout le reste de la science agricole, mais plus peut-être que sur tout le reste ; cela tient à ce que l'on n'a pas distingué tout d'abord entre la betterave à sucre et la betterave fourragère. Les exigences de ces deux variétés sont aujourd'hui bien connues : la première exige en azote, en phosphates, et surtout en potasse, des aliments exactement pondérés et toujours absorbables, afin que sa végétation ne subisse ni arrêt ni exubérance : deux accidents qui, pour influer inversement sur la grosseur de la racine, nuisent également à la production du sucre.

La betterave fourragère, au contraire, demande surtout de l'azote et de la potasse ; les phosphates n'ont point d'influence sensible sur son rendement, et l'azote lui profite toujours pendant tout le temps de sa végétation. Les deux variétés de betteraves contiennent à peu près la même quantité d'azote ; et M. Ville a trouvé que, pour obtenir 40 à 45.000 kilos de racines, il faut que la plante trouve disponibles dans la terre 80 kilos d'azote. Mais le sucre ne se forme dans la betterave qu'à la condition que l'azote se trouve également réparti dans le sol, ce qui exclut une fumure récente ou un engrais chimique semé en couverture. Dès lors, il est clair que la place de ces deux variétés dans l'assolement ne peut être la même puisque, au contraire, la betterave fourragère réussit bien dans une terre fortement fumée. Avec une fumure de 40.000 kilos à l'hectare, on obtient, en effet, facilement une récolte de 40.000 kilos de racines, suivie d'une récolte de blé de 30 hectolitres. Or, ces deux récoltes ensemble enlèvent au sol 140 kilos d'azote, au lieu que les 40.000 kilos de fumier n'apportent que 100 kilos d'azote nitrifiable. Il faudrait donc induire de là que la betterave n'enlève pas au sol 80 kilos d'azote ; cela est incontestable, puisque c'est la quantité qu'elle exige pour produire 40.000 kilos de racines, et environ 10.000 kilos de feuilles qui sont enfouies comme engrais et restituent au sol au moins 35 kilos d'azote organique, soit 25 kilos d'azote nitrifiable : la récolte totale contenant près de 140 kilos d'azote, en a donc puisé dans l'air à peu près 60 kilos.

Mais, même en tenant compte de ces 25 kilos d'azote, le blé ne trouverait dans la terre que 45 kilos d'azote, quantité insuffisante pour un rendement de 30 hectolitres ; et cependant l'expérience prouve que cette récolte est obtenue, et que la terre se trouve même enrichie. La betterave est donc une plante sans rivale pour tirer parti du fumier, et cela se comprend. Les façons d'ameublissement qu'elle exige avant le semis, les sarclages et les binages qu'elle demande pendant sa végétation aèrent continuellement la terre et, en activant la nitrification, empêchent la formation de ces composés humiques très stables, qui retiennent une si grande partie de l'azote des fumiers.

Un fait inverse se produit pour le colza lorsqu'il est semé en place ; une fumure très abondante apporte dans la terre une quantité considérable de matières organiques, qui se décomposent très vite tout le temps que la terre reste meuble ; mais les pluies de l'hiver enlèvent une partie de l'azote nitrifié et, en tassant la terre, ralentissent la nitrification, sans que les cultures de surface puissent renouveler la provision d'air dont elle a besoin.

Aussi, il me paraît rationnel d'exprimer par un nombre variable la portion utilisable du fumier. J'ai admis en moyenne que, le fumier contenant 5 kilos d'azote par 1.000 kilos, il y en avait 2 kil. 5 d'utilisable. Mais ce nombre doit être réduit à 2 ou peut-être à moins lorsque la fumure précède un colza semé en place; et si elle précède la betterave, on peut l'élever jusqu'à 3.

Pomme de terre. — La pomme de terre, pour une récolte de 25.000 kilos, contient, d'après les tables de Wolf, 80 kilos d'azote dans les tubercules ; mais les fanes en contiennent aussi une quantité très importante, qui est partiellement perdue pour le sol. Une récolte de pommes de terre, de 25.000 kilos à l'hectare, contiendra donc sans doute de 100 à 120 kilos d'azote. Mais l'expérience démontre qu'elle tire la plus grande partie de cet azote de l'air ; car, lorsque le sol est bien pourvu des autres éléments, et notamment de potasse, il suffit de 40 kilos d'azote pour obtenir une pareille récolte. D'autre part, les sarclages, binages et battages qu'elle exige pendant sa végétation, et aussi l'arrachage des tubercules, sont autant d'opérations qui favorisent la nitrification. Enfin le premier élément rendu assimilable dans les fumiers est la potasse, qui convient spécialement à la pomme de terre. Pour toutes ces causes, la pomme de terre s'accommode très bien d'une fumure de 35.000 kilos, et prépare parfaitement la terre pour la production d'une récolte exigeante en azote comme le blé.

Maïs. — Le maïs ne se cultive guère pour grain que dans le midi de la France ; dans le centre et le nord, il n'est cultivé que pour fourrage et présente ce grand avantage, qu'il accomplit sa végétation en trois mois et demi : semé au milieu de juin, il est coupé avant la fin de septembre. Des agriculteurs, qui l'ont cultivé en grain, accusent des rendements de plus de 100.000 kilos à l'hectare, avec une fumure de 30.000 kilos de fumier de ferme et 100 kilos de sulfate d'ammoniaque ; c'est-à-dire, en définitive, avec moins de 100 kilos d'azote. Et cette fumure a produit déjà une récolte de seigle fauchée en vert. Le maïs est, du reste, toujours suivi par un blé. Cela réduit à bien peu de chose son exigence en azote : moins de 30 kilos certainement, quantité insignifiante si l'on réfléchit qu'il s'agit d'une plante céréale, et que la récolte de 100.000 kilos contient à peu près 200 kilos d'azote. Sans doute, il faudrait encore tenir compte de la quantité d'azote laissée dans la terre par les racines du seigle et celles du maïs ; et la quantité enlevée au sol par la récolte du maïs pourrait ainsi se trouver élevée à 50 kilos, soit 1/4 de l'azote total de la récolte, au lieu que les autres céréales prennent au sol les 2/3 en moyenne de ce qu'elles contiennent.

Conclusion. — J'ai passé en revue les plantes les plus utiles ou au moins les plus généralement cultivées, et l'on a pu se convaincre que leurs exigences sont fort différentes, puisque les unes apportent de l'azote qui est consommé par les autres ; mais, d'autre part, celles-ci, relativement peu exigeantes en principes minéraux, en laissent assez dans la terre pour alimenter les premières. Le trèfle, la betterave, la pomme de terre et le maïs sont de grands consommateurs de phosphates et de potasse, et lors même que les conditions économiques n'exigeraient pas la production des céréales, c'est-à-dire de récoltes plus vendables, il serait impossible de produire indéfiniment les autres sans importation d'engrais chimique ; de là, la nécessité d'une succession judicieuse de cultures. Les solutions de ce problème ont varié suivant les temps et les lieux, tantôt heureuses, tantôt moins bonnes ; et d'elles a toujours dépendu la prospérité ou la décadence de l'agriculture. Je les étudierai dans les chapitres qui vont suivre, à la lumière des principes qui viennent d'être exposés.

CHAPITRE II

Assolements de trois ans et assolements alternes.

I. — ASSOLEMENTS DE TROIS ANS

L'assolement de trois ans, jachère, blé, petites céréales, n'est plus guère pratiqué aujourd'hui. D'ici quelques années, il faut l'espérer, il n'aura plus qu'un intérêt historique ou archéologique ; jamais, même, il n'aura été pratiqué complètement ; car il fallait toujours à la culture d'autrefois quelques prairies pour entretenir les attelages en état convenable de service. Néanmoins les progrès de la science agricole n'auront pas fait disparaître cet ancien assolement, ils l'auront seulement amélioré à ce point qu'il règne encore aujourd'hui sur une grande partie du sol français.

Que l'assolement de trois ans puisse subsister et même donner une certaine prospérité agricole avec les perfectionnements qu'il a reçus, c'est ce qu'il serait sans doute difficile de nier ; mais il serait tout aussi difficile d'établir qu'il est aussi avantageux que les assolements alternes. Quoi qu'il en soit, dans l'ancienne pratique, la jachère légèrement fumée dans les conditions les plus favorables permettait la production de 15 hectolitres de blé et de 20 hectolitres d'avoine. C'était tout ce qu'il était possible d'obtenir, et toute amélioration des plantes et du sol demeurait interdite.

Introduction du trèfle. — Une première amélioration fut obtenue par la culture du trèfle. Ceux qui cultivèrent les premiers cette plante admirèrent qu'elle pût donner un produit très important, 5.000 kilos de fourrage à l'hectare sur leurs terres médiocres, et laisser cependant le sol plus riche qu'il n'était auparavant. Ils le firent donc venir plusieurs fois de suite à la place de la jachère ; mais ils s'aperçurent bientôt que ses produits diminuaient ; ils en conclurent que la terre se fatiguait de lui comme elle se fatiguait, croyaient-ils, de toute autre plante. En même temps, la jachère étant devenue plus rare, le chiendent et la traînasse reprenaient possession du sol, la terre se salissait et les cultivateurs concluaient que le trèfle était une plante salissante. C'est sans doute pour obvier à ce double inconvénient que les cultivateurs de la Lorraine commencèrent à fumer leurs trèfles, croyant ainsi les rendre plus vigoureux : c'est une pratique que quelques-uns continuent encore aujourd'hui, avec peu de succès, bien entendu ; le trèfle fumé en couverture au printemps profite peu des principes minéraux du fumier, les seuls qui lui seraient utiles, et tous les éléments azotés de l'engrais sont en grande partie perdus. L'introduction du trèfle, même dans un assolement qui ne lui convient pas très bien, fut donc certainement un progrès ; les déceptions et les échecs vinrent ensuite par défaut de connaissances. Aujourd'hui, dans les pays où cette culture si utile n'est pas un peu délaissée, on ne la fait revenir que tous les neuf ans sur le même sol ; l'on en obtient alors de bonnes récoltes, et l'assolement de trois ans se trouve considérablement amélioré. Mais il va sans dire que le trèfle dans l'assolement de trois ans ne sera jamais aussi fort que dans les assolements alternes ; ici en effet, le trèfle est semé dans un blé fait sur betteraves ou jachère ; là, il est semé dans une avoine, c'est-à-dire trois ans après la fumure ; le sol ne contient plus alors rien des éléments minéraux qu'elle a apportés, sans compter qu'avec l'avoine il faut redouter également une bonne et une mauvaise levée du trèfle.

Introduction de la luzerne. — La luzerne ne fut pas introduite dans l'assolement, mais à côté de l'assolement ; et il y eut des contrées en France où elle supplanta presque entièrement le trèfle : ainsi arriva-t-il dans les plateaux calcaires de la Meuse. En Normandie et en Brie, pays d'assolement triennal, le trèfle est cultivé concurremment avec la luzerne, soit que le climat et le sol plus humides conviennent mieux pour la réussite du trèfle, soit que la fertilité plus grande de la terre et l'habileté des cultivateurs aient diminué les inconvénients de sa culture dans l'assolement de trois ans.

La luzerne épuise le sol des mêmes éléments que le trèfle, mais elle épuise en même temps le sous-sol ; elle ne peut donc revenir sur les mêmes terres qu'à des intervalles assez éloignés. Il faut au moins douze ans dans l'assolement triennal où les terres ne sont pas en général labourées profondément, et si la luzerne dure quatre ans, on voit qu'il est impossible au cultivateur de laisser en luzerne plus que 1/5 de son exploitation. En général cette proportion n'est pas atteinte : la surface en luzerne varie de 1/7 à 1/10 lorsque cette plante est cultivée simultanément avec le trèfle. Lorsque la surface occupée par la luzerne est 1/8,

si la durée de la plante est quatre ans, elle revient après vingt-huit ans
sur le même sol, et le sous-sol est alors abondamment pourvu des principes nécessaires à la végétation. Le sol peut encore porter dans cet
intervalle trois récoltes de trèfle, cela fait en tout 7/32, c'est-à-dire
que 1/4 de l'étendue du domaine est occupé par des fourrages. Avec
une bonne culture cette étendue était suffisante pour que le cultivateur
pût entretenir en élevant une tête de gros bétail pour 2 hectares. C'était
là la moyenne de la population en bétail dans les bonnes exploitations
pendant la première moitié du siècle, et c'est un chiffre qui n'est pas
encore atteint aujourd'hui sur l'ensemble du territoire français, bien
qu'une pareille population soit loin d'être suffisante aujourd'hui ; il est
certain que la culture ne pouvait pas davantage, à moins d'importer de
quoi nourrir son excédant de bétail, avant l'introduction de la betterave
fourragère et du maïs-fourrage ; ce n'était pas du reste une mince
amélioration que celle qui permettait de ne plus laisser la terre en
jachère que cinq années sur trente-deux, et pendant ces années-là de
lui donner 27.000 kilos de fumier, de sorte que l'on obtenait facilement
dans les domaines bien dirigés des rendements en blé de près de 20 hectolitres et en avoine de 35.

Introduction de la betterave. — Il y avait déjà près de cinquante
ans que la betterave avait commencé à être cultivée dans le nord pour
la fabrication du sucre et que la pulpe était employée à la nourriture
du bétail. Elle avait transformé complètement les procédés de culture
de cette riche contrée et achevé la victoire des assolements alternes
sur l'assolement triennal ; elle s'étendait peu à peu vers le midi, lorsque
l'on songea à l'employer directement à la nourriture du bétail. Avec
moins de soins, moins de fertilité accumulée dans le sol, moins de
façons, la betterave fourragère rendait autant que la betterave à sucre
et fournissait au bétail une nourriture fraîche dont il a si grand besoin
pendant l'hiver. Sa production eut autant d'influence sur l'économie
du bétail que sur la culture proprement dite ; mais, dans la plupart
des contrées, elle fit seulement disparaître la jachère au lieu de faire
disparaître l'assolement triennal.

La moitié de la superficie de la jachère fut consacrée dans les bonnes
cultures à la production de la betterave ou de la pomme de terre. Le
reste fut occupé par d'autres cultures fourragères, vesces, pois Jarras
et minette qui permettaient encore une demi-jachère et produisaien
une masse importante de fourrages sans appauvrir la terre. Dès lors
l'assolement dans les contrées bien cultivées de la France, et notamment en Brie, fut à peu près le suivant :

Betterave, blé, avoine ; — trèfle, blé, avoine ; — minette, blé, avoine
avec 1/8 de luzerne.

Et dans les cultures où les fourrages et les pailles étaient consommés
sur la ferme, il permettait l'entretien de huit à neuf têtes de gros bétail,

sur 10 hectares de terres. Une ferme de 100 hectares pouvait ainsi produire 730.000 kilos de fumier qui permettaient de fumer les 9 hectares 1/2 de betteraves, à raison de 50.000 kilos de fumier à l'hectare, et les 9 hectares 1/2 de demi-jachère à raison de 25.000 kilos.

C'est là, certainement, le maximum de fumier qu'il est possible d'obtenir dans l'assolement de trois ans ; il est même probable que dans la pratique ce maximum n'est jamais atteint. Or, la quantité de 35.000 kilos de fumier employée annuellement sur un hectare de terre ne peut pas, d'après Lawes et Guilbert (1), lui faire produire plus de 30 hectolitres de blé. Il est donc impossible, même en tenant compte de la demi-jachère, d'obtenir par ce procédé plus de 25 hectolitres de blé à l'hectare et de 40 à 45 hectolitres d'avoine. La rotation betteraves, blé, avoine, malgré la fumure très abondante, ne donnera certainement pas davantage. J'ai indiqué plus haut, en effet, qu'avec une aussi forte quantité de fumier la nitrification est toujours incomplète et la perte d'azote toujours plus considérable. Je sais bien que la culture de la betterave favorise au contraire cette transformation chimique. Mais c'est, je crois, faire toutes les concessions possibles que d'accorder ici au fumier sa valeur moyenne. Or, les 135 kilos d'azote disponible ne peuvent donner qu'une récolte de betteraves de 40.000 kilos suivie de deux récoltes blé et avoine produisant respectivement 25 et 45 hectolitres à l'hectare. La rotation trèfle, blé, avoine produira sans doute encore moins. Bref, il est impossible dans l'assolement triennal d'obtenir régulièrement sans l'emploi des engrais chimiques *azotés* des rendements en blé supérieurs à 25 hectolitres à l'hectare, et en avoine à 40, et l'expérience prouve que la moyenne des rendements dans les pays d'assolement de trois ans n'est guère que de moitié, soit pour le blé 13 hectolitres et pour l'avoine 20. La cause en est double, soit que l'assolement triennal mal pratiqué ne permette pas d'abondantes fumures, soit qu'il nécessite dans les exploitations bien conduites de très grandes avances de fumier à la terre pour que l'on puisse en tirer de suite trois récoltes successives, et que l'engrais se trouvant ainsi dans de mauvaises conditions, soit pour être transformé, soit pour être utilisé, son travail utile se trouve ainsi réduit à un chiffre inférieur au chiffre normal. Or, aucune pratique ne permet d'éviter l'un de ces deux inconvénients.

Culture du colza. — Ce n'est certainement pas dans ce but que les cultivateurs de Normandie introduisirent dans leur assolement, il y a une cinquantaine d'années, la culture du colza ; ils voulurent simplement aug-

---

(1) Cela paraît contraire à ce que j'ai dit ailleurs, qu'une fumure de 40.000 kilos par hectare permet d'obtenir 40.000 kilos de betteraves et 30 hectolitres de blé. Mais il faut remarquer qu'il s'agissait là de terres soumises à un assolement alterne, c'est-à-dire ayant un stock de fertilité beaucoup plus considérable que les terres soumises à l'assolement de trois ans.

menter la masse des produits vendables, avec le colza remplaçant la demi-jachère ou plutôt chez eux une partie des betteraves. Avec cette pratique la masse des fumiers était diminuée sans que pour cela les fumures fussent égalisées ; elles se trouvaient seulement diminuées. Aussi les rendements, dans les exploitations où l'on cultive le colza, dépassent-ils rarement 22 hectolitres pour le blé et 35 pour l'avoine.

Les philosophes du siècle dernier, que quelques-uns appellent illustres, avaient trouvé une formule remarquable de ce qu'ils appelaient le progrès. A ceux qui disaient qu'il n'y a rien de nouveau sous le soleil, et que l'humanité tourne dans un cercle, ils répondaient que, sans doute, les nouveautés se reproduisent successivement et périodiquement, mais avec des perfectionnements qui les transforment, de sorte que ce n'est pas dans un cercle que l'humanité marche, mais dans une spirale. S'il était permis de comparer les petites choses aux grandes que ces messieurs ont inventées, nous dirions aussi qu'avec l'assolement de trois ans l'agriculture tourne dans un cercle que les nouveautés qui se produisent périodiquement ne sauraient élargir, puisque cet assolement ne peut ni augmenter la masse des fumiers, ni les rendre plus profitables. Par là, il devient impossible par des labours plus profonds d'augmenter la masse du sol productif; le stock de fertilité disponible du sol est ainsi nécessairement toujours faible, et l'agriculture est condamnée au *statu quo*.

II. — ASSOLEMENTS ALTERNES

Dans les assolements alternes, on ne cultive jamais deux céréales de suite; or, ces plantes sont celles qui enlèvent le plus d'azote à la terre; il en résulte évidemment qu'avec un apport d'azote moindre, on obtiendra dans les assolements alternes des récoltes de céréales plus considérables que dans l'assolement triennal.

Assolement de quatre ans. — Le type des assolements alternes le plus avantageux et sans doute aussi le plus productif, est l'assolement de quatre ans : plante sarclée, blé, trèfle, avoine.

Il va sans dire que la plante sarclée peut être indifféremment betteraves, pommes de terre, féveroles, maïs, ou même colza en lignes; le blé et l'avoine peuvent de même se remplacer l'un l'autre ; de là une grande variété qui n'existe point dans l'assolement de trois ans. Soumettre des terres à l'assolement de quatre ans, c'est donc essentiellement leur faire porter en quatre ans deux récoltes de céréales séparées par une récolte de trèfle et une récolte sarclée.

Mais ici une première question se présente : le trèfle peut-il revenir tous les quatre ans sur la même terre ? Beaucoup de cultivateurs français répondent non, et les faits que j'ai cités plus haut paraissent leur donner raison; mais d'autres faits viennent détruire leurs affirmations.

Mathieu de Dombasle cite l'exemple du fermier Leroy qui récoltait deux trèfles en neuf ans dans des terres soumises à l'assolement triennal. Il est vrai qu'il enterrait la deuxième coupe après l'avoir fumée pour semer du colza sur sa terre ; Mathieu de Dombasle constate que le trèfle rendait davantage au bout de vingt-deux ans que les premières années. Bien avant le fermier Leroy, les Anglais, dès la fin du siècle dernier, soumettaient leurs terres à l'assolement de quatre ans avec trèfle la troisième année, et les Flamands le faisaient déjà longtemps avant les Anglais ; la Flandre et l'Angleterre accusent cependant des rendements beaucoup plus élevés que les nôtres. Au reste, cette opinion est née après l'introduction du trèfle dans notre assolement triennal ; or, il est effectivement impossible que le trèfle y remplace deux fois la jachère ou les plantes sarclées. La terre n'ayant pas, en effet, été fumée ni cultivée, est à la fois plus appauvrie de matières minérales et plus sale, deux conditions mauvaises pour la production d'une bonne récolte de trèfle.

Mais il n'en est pas de même dans l'assolement de quatre ans. Ici une récolte sarclée, précédée d'une fumure, renouvelle à chaque rotation des conditions identiques ; et il suffit, pour que la production du trèfle soit toujours possible, que les fumiers soient bien faits, c'est-à-dire pas trop consommés et que les purins soient utilisés ; ce qui est loin d'être général en France. Il faut observer ici qu'avec des fumures pas trop considérables et précédant toujours des récoltes sarclées, le coefficient d'utilisation sera 3 au lieu de 2,5 qui est à peine atteint dans l'assolement triennal. Or la fumure ne sert qu'à produire la récolte sarclée : betteraves, par exemple, et le blé qui suit ; ce qui exige 105 de fertilité pour la production de 40.000 kilos de betteraves et 30 hectolitres de blé. Une fumure de 36.000 kilos à l'hectare suffira largement pour obtenir ce résultat. C'est le fumier produit par quatre bêtes et, comme chaque année 1/4 seulement de terres reçoit du fumier, avec une tête de gros bétail par hectare, on obtiendra certainement les rendements indiqués. Le trèfle pouvant entretenir deux bêtes par hectare et la betterave trois bêtes, il suffira avec 1/4 de trèfle de faire 1/6 de betteraves. Et la terre se trouvera occupée de la manière suivante : blé 1/4, avoine 1/4, trèfle 1/4, betterave 1/6 et colza 1/12. Au lieu que, dans l'assolement de trois ans, avec un 1/8 de luzerne la terre est occupée de la manière suivante : luzerne 1/8, blé $1/3 \times (1-1/8)$, avoine $1/3 \times (1-1/8)$, trèfle $1/9 \times (1-1/8)$, minette $1/9 \times (1-1/8)$, betteraves $1/9 \times (1-1/8)$, c'est-à-dire en définitive blé 7/24, avoine 7/24.

La surface occupée par des grains vendables sera la même 14/24 dans les deux cas en tenant compte du colza. Mais la valeur vénale du colza est généralement 1/4 plus grande que celle du blé, et les rendements sont, en outre, plus élevés de 1/6 dans l'assolement de quatre ans. Car il n'est pas douteux que les avoines venues sur trèfle ne soient plus vigoureuses que celles venues après blé, de sorte qu'elles rendront au moins 50 hectolitres à l'hectare, tout en laissant la terre beaucoup plus riche que les premières.

Ainsi, je suppose qu'un cultivateur ayant soumis depuis longtemps ses terres à l'assolement de trois ans décrit plus haut sans importation d'engrais chimiques, les ait amenées, si je puis m'exprimer ainsi, à un régime constant dans lequel la production serait de 25 hectolitres de blé et de 40 d'avoine. Si ce même cultivateur les soumet ensuite à l'assolement de quatre ans, il verra d'abord ses récoltes augmenter, dès la première rotation, de 5 hectolitres pour le blé et 10 pour l'avoine; et, au bout de la rotation, l'avoine n'ayant consommé que 45 kilos d'azote, en laissera au moins 15 dans la terre pour la rotation suivante. L'assolement quadriennal même avec culture du colza est donc un assolement améliorant.

Pour avoir maintenant deux assolements encore plus comparables, je suppose, pour plus de simplicité dans les calculs, deux fermes de 96 hectares de même fertilité, dont 1/8 est en luzerne, et le reste soumis, dans l'une, à l'assolement triennal avec betterave, trèfle et minette pour remplacer la jachère; et dans l'autre à l'assolement de quatre ans, combiné de telle manière que l'exploitation puisse entretenir 96 têtes de gros bétail.

Dans cette dernière, il y aura 12 hectares de luzerne entretenant 24 bêtes, 21 hectares de trèfle entretenant 42 bêtes, et 10 hectares de betterave entretenant 30 bêtes. Le fumier produit suffira pour que les 21 hectares de betterave et colza en reçoivent 43.000 kilos, quantité plus que suffisante pour la production de 30 hectolitres de blé, 40 de colza et 40.000 kilos de betteraves. Enfin, il y aura 11 hectares de colza, 21 de blé et 21 d'avoine, soit 53 hectares de grains.

La ferme soumise à l'assolement de trois ans entretiendra, avec 12 hectares de luzerne et 9 de trèfle, 42 bêtes; avec 9 hectares de minette, 9 bêtes, et avec 9 de betteraves, 27 bêtes, soit en tout 78 bêtes. Le fumier produit, 700.000 kilos, permettra de fumer la demi-jachère à raison de 30.000 kilos, et les betteraves à raison de 50.000 kilos, quantités qui, dans l'assolement de trois ans, ne peuvent produire que 25 hectolitres de blé et 40 d'avoine sur un total de 56 hectares.

Dès lors, les productions respectives des deux fermes seront :

	Ferme à assolement de 3 ans,	à assolement de 4 ans.
Bétail	78 têtes	96 têtes.
Blé	(28 h. à 25 hect.) 700 hectolitres.	630 hectolitres.
Avoine	(28 h. à 41 ») 1.120 »	1.050 »
Colza		440 »

On voit que la comparaison est toute en faveur de la ferme à assolement de quatre ans, et l'on voit, en même temps, à quoi tient la supériorité. Dans l'assolement de trois ans, la fumure à 50.000 kilos doit produire trois récoltes : betteraves, blé, avoine. Combien de perte pendant ces trois années ! Dans l'assolement de quatre ans trois récoltes épuisantes se suivent encore : avoine, betteraves, blé ; mais elles sont précédées de deux fumures, l'éteule de trèfle et la fumure de 40.000 kilos qui précède les betteraves. La fumure est donc à la fois plus abondante et dans des conditions bien plus favorables pour que la nitrification marche régulièrement et que les pertes d'azote soient évitées.

On objectera peut-être qu'il est impossible de planter le colza après l'avoine, le temps faisant défaut pour préparer convenablement la terre. Ce serait là, à coup sûr, une objection sérieuse dans le cas de l'assolement de trois ans : le colza venant, en effet, après deux ou même trois récoltes épuisantes, aurait besoin, pour réussir, d'une forte fumure précédée d'une bonne préparation du sol ; mais l'avoine après trèfle laisse la terre pourvue d'une quantité d'azote qui suffit largement à la première végétation du colza repiqué ; on peut remplacer l'avoine par une récolte de blé qui donne quinze jours de plus pour la préparation du sol ; il s'écoule en effet entre l'enlèvement du blé et la plantation du colza plus d'un mois et demi pendant lequel tout cultivateur industrieux peut donner deux labours et conduire le fumier ; le colza planté en ligne recevra, du reste, avant et après l'hiver, deux ou trois binages qui favoriseront la nitrification.

Il faut observer enfin que l'assolement triennal, tel que nous l'avons décrit, exige pendant les mois d'août, septembre et octobre le labour de 56 hectares de terre, 28 hectares de déchaumage de blé pour préparer le sol à recevoir l'avoine, et 28 hectares pour la semaille des blés.

L'assolement de quatre ans exige le labour de deux fois 10 hectares pour la plantation du colza, et de 21 hectares pour les semailles des blés, soit au moins 45 hectares de labour ; mais il faut en plus mener 40.000 kilos de fumier sur 10 hectares. Les travaux sont donc à peu près les mêmes ; et comme c'est l'époque la plus occupée de l'année, les deux exploitations exigeront le même personnel à l'année et le même nombre de chevaux. Le produit net sera donc certainement beaucoup plus fort dans la ferme soumise à l'assolement de quatre ans.

Autres assolements alternes. — Ce n'est pas un des moindres avantages des assolements alternes que la variété de cultures qu'ils permettent. Mais il n'en est pas d'aussi avantageux au point de vue de la puissance chimique du sol, que ceux dans lesquels le trèfle entre comme quatrième récolte. Aussi des conditions économiques spéciales, qui seront étudiées dans la deuxième partie de ce travail, peuvent seules engager les cultivateurs à remplacer cette récolte par une autre. Dans le nord de la France, un certain nombre de cultivateurs fabricants de sucre suivent l'assolement alterne suivant : betterave, blé. Mais cet assolement biennal est, en réalité, quadriennal, la terre ne recevant

de fumier que tous les quatre ans. Il est clair qu'un pareil assolement
ne peut se soutenir sans importation d'engrais azotés. En effet, pour
produire les 35.000 kilos de fumier nécessaire tous les deux ans à l'entretien de la fertilité de la terre, soit 1.750.000 kilos de fumier sur une
ferme de 100 hectares, il faudrait 180 têtes de gros bétail ; tandis que
les pulpes des betteraves récoltées sur le domaine ne peuvent en nourrir que 75. En laissant en luzerne une partie de l'exploitation, on arriverait à augmenter le chiffre du bétail entretenu, et à réduire celui du
bétail nécessaire. Avec 35 hectares de luzerne, on entretiendrait, en
tenant compte de la pulpe provenant des 32 hectares de betteraves,
120 têtes produisant 1.100.000 kilos de fumier. Mais il n'est pas probable que le domaine pourrait porter régulièrement une aussi forte
proportion de luzerne, et il serait alors plus avantageux d'en revenir
purement et simplement à l'assolement de quatre ans. Aussi les fabricants de sucre cultivateurs avaient-ils pris le parti d'importer des engrais ; c'étaient les plus importants consommateurs de guano du Pérou,
puisque dans leur assolement de quatre ans l'hectare de terre en recevait, chacune des deux dernières années, 400 kilos. Les deux dernières
années se trouvaient ainsi grevées, en plus du loyer, de la main-d'œuvre
des semences et des frais généraux, d'une somme de 140 fr. représen-
tant aujourd'hui près du tiers de la récolte de blé. C'est dire que les
circonstances actuelles, avec la crise sucrière et la crise du blé, ne
permettent presque plus un pareil système de culture.

Mais il y a moyen de maintenir cet assolement en l'améliorant, et de
supprimer complètement l'importation des engrais azotés : c'est de semer
du trèfle dans le blé ; l'assolement sera alors le suivant :

1re Année.	2e Année.	3e Année.	4e Année.
Betteraves fumier.	Blé, trèfle.	Betteraves.	Blé, trèfle.

Le trèfle pousse à l'automne un regain qui fleurit généralement dans
les terres fertiles du nord de la France. Ce regain, enterré avant l'hiver,
servira d'engrais azoté. On objectera que c'est là faire revenir le trèfle
tous les deux ans sur la même terre au lieu que les cultivateurs, au
moins en France, sont d'accord qu'il ne peut guère y revenir que tous
les six ans. Sans doute, si le trèfle était récolté, l'objection serait rece-
vable ; la plante ne trouverait peut-être pas dans la terre les éléments
minéraux qui lui sont nécessaires, mais il en est autrement si la plante
est enterrée ; la terre ne se trouve plus appauvrie de potasse ni de
phosphates, mais simplement enrichie d'azote. D'autre part, les conditions culturales sont les meilleures que l'on puisse obtenir pour la
réussite du trèfle, à savoir un sol profond, meuble et fertile, une récolte
de betteraves suivie d'une seule récolte de céréales ; et cette céréale,
un blé qui permet de semer le trèfle un mois plus tôt au printemps que
toute autre céréale ; avec de pareilles conditions chimiques, physiques

et culturales, la réussite ne fait point doute. On ne peut guère estimer à moins de 4/5 la partie utilisable de l'azote contenu dans cet engrais vert, d'après les explications que j'ai données dans le chapitre précédent ; or il n'y a point d'exagération à admettre que ce regain, y compris l'éteule de trèfle, équivaut en poids à une bonne deuxième coupe, et contiendra davantage d'azote puisqu'il est plus tendre. Il équivaut donc au moins à 10.000 kilos de fumier, dont les 4/5 utilisables : soit 40 kilos d'azote.

La terre reçoit donc en quatre ans, par une fumure de 40.000 kilos, 120 kilos d'azote, par 2 éteules de trèfle 80 kilos d'azote, c'est-à-dire ce qu'il lui faut pour deux récoltes de blé et deux de betteraves. Et il suffit, pour qu'un pareil assolement puisse être maintenu sans importation d'engrais azoté, que 17 hectares soient soustraits à l'assolement et laissés en luzerne, ou bien laissés en trèfle pour être récoltés.

En outre, par cette méthode, le déchaumage des terres en août et septembre devient impossible. Est-ce un mal ? Sans doute, cela serait si le déchaumage était une opération indispensable ; mais cette façon si nécessaire pour détruire les herbes adventices, pour aérer la terre, pour faire germer les mauvaises semences que le blé a laissé venir à maturité, est loin d'être aussi utile lorsque la terre est couverte de trèfle. Car sa végétation, surtout lorsqu'il a été semé de bonne heure au printemps, est un obstacle au progrès des mauvaises herbes ; et, pour celles qu'il n'a pas empêchées de mûrir, sa présence, après la récolte, conserve à la surface de la terre assez d'humidité pour que la plupart de leurs graines qui sont fort petites puissent germer. Au reste, il serait sans doute possible, si le temps était favorable, c'est-à-dire assez humide avant les progrès du trèfle, de remplacer le déchaumage par un double hersage qui remplirait le même but.

Enfin, la principale condition de la culture de la betterave, je veux dire l'augmentation du rendement en sucre, sera, à ce qu'il me semble, obtenue. En négligeant, en effet, l'apport supplémentaire d'engrais phosphatés que je suppose suffisant et judicieusement fait en tenant compte de l'état physique et chimique du sol, il faut en quelque sorte incorporer à la terre un engrais azoté de nitrification régulière, de manière que la composition du sol soit la même dans toute la surface et dans toute la profondeur. Cela exclut absolument les fumures récentes d'après l'hiver, avec lesquelles on obtiendrait une végétation d'abord lente qui empêcherait la betterave d'arriver à maturité. Or le trèfle vert, engrais de décomposition très facile, est enterré avant l'hiver par un labour ordinaire suivi pendant l'hiver, lorsque le temps est favorable, d'un labour profond. Tout le fumier disponible est conduit sur les terres avant les premières façons, de septembre à fin novembre, toutes conditions très favorables à la végétation régulière de la betterave à sucre. Si les terres ne recevaient le fumier que tous les quatre ans, les betteraves qui viendraient après fumure seraient peu sucrées à cause de la trop grande abondance d'azote, et une partie de l'engrais serait perdue ; il vaut mieux, dans ce cas, donner tous les deux ans au sol une demi-fumure, et l'engrais vert fournissant à la terre une provision suffisante d'azote pour la première végétation, le fumier enterré après l'hiver ne nuira plus à la betterave.

L'engrais par excellence du trèfle, la dominante, pour parler le langage de M. Ville, est la potasse. Sous quelque forme qu'on la donne, la potasse profite au trèfle parce qu'il ne s'agit pas de produire un trèfle de telle ou telle composition immédiate, comme dans la fabrication du sucre il est nécessaire de n'employer que des betteraves très sucrées. Ici, au contraire, il s'agit simplement d'obtenir de grands rendements, c'est-à-dire beaucoup d'engrais au moyen d'une plante bien développée ; or c'est un résultat qui sera facilement produit avec 100 kilos de chlorure de potassium semé au printemps en même temps que le trèfle. La décomposition du trèfle ne laissera pas la potasse à l'état de chlorure de potassium, mais la laissera sans doute à l'état de carbonate ; or autant le chlorure de potassium, qui est absorbé en nature par la betterave, nuit à la production du sucre en donnant à la plante une végétation luxuriante, autant le carbonate de potasse lui est favorable en mettant à sa portée un élément indispensable à la végétation. La conclusion s'impose : s'il est incontestable que la betterave à sucre a besoin d'engrais, le regain de trèfle est à la fois le plus économique et le meilleur.

Le trèfle est donc le pivot de toute culture améliorante, plus encore, de la seule culture praticable, c'est-à-dire de celle qui donne des profits. Deux agronomes célèbres à des titres divers, MM. Goetz et Ville, en ont successivement, à une époque rapprochée de nous, préconisé les avantages. Ils se rencontrent sur un point, c'est de ne l'employer que comme engrais vert. Pourquoi cela ? Si le trèfle est un excellent engrais, c'est aussi une nourriture supérieure pour le bétail, bien que l'on perde beaucoup de sa valeur fertilisante en l'employant à cet usage.

M. Goetz partage son exploitation en deux parties : les terres destinées à produire des fourrages, nous y reviendrons plus loin, et celles destinées à la production des céréales. L'originalité de son système consiste à faire produire à la terre des récoltes de céréales, à l'aide des engrais verts surtout ; et c'est le trèfle seul qu'il emploie comme engrais vert. Le trèfle est semé au printemps dans le blé, dru et de bonne heure, avec un mélange de plâtre et d'engrais minéral. La récolte est fauchée haut pour que la plante ne soit pas blessée ; elle pousse alors vigoureusement, et est enterrée en automne pour fournir l'engrais nécessaire à une nouvelle récolte de blé.

M. Goetz a fait de 1875 à 1880 l'application de sa méthode à la ferme de Champerreux, exploitée par M. Cothias. Dans les années 1879 et 1880, les récoltes de céréales obtenues uniquement sur engrais verts ont donné, les blés, 24 hectol. ; les avoines, 40. C'est une moyenne inférieure à celle qu'il est possible d'obtenir avec l'assolement de quatre ans bien conduit. Du reste, les terres dans ce système ne recevant point de fumier, c'est-à-dire, perdant complètement tous les éléments minéraux que les récoltes tirent du sol, il est nécessaire, pour que le trèfle puisse réussir, de donner une dose convenable d'engrais minéral complet, à savoir, 40 kilos d'acide phosphorique et 50 kilos de potasse par hectare et par an. Avec l'assolement de quatre ans, au contraire, la potasse n'est pas exportée du sol puisque le fumier lui en ramène la plus grande partie, et il suffit de renouveler l'acide phosphorique à raison de 30 kilos par hectare de céréales. Toutes les céréales en 1879 et 1880 ayant été produites sur trèfle, il a fallu enfouir chacune de ces deux années une récolte dérobée de trèfle qui fournissait 15.000 kilos d'engrais vert à l'hectare. Un pareil résultat n'aurait pu être évidemment obtenu sans l'emploi d'une grande quantité d'engrais minéral. La méthode de M. Goetz permet donc surtout d'améliorer considérablement l'assolement de trois ans, puisqu'elle a donné, dans le cas particulier qui nous occupe et d'après les déclarations de M. Cothias, sans fumure, trois récoltes plus qu'ordinaires de céréales. Mais en général M. Goetz place une fumure avant la récolte sarclée, suivie de trois récoltes de céréales, dont les deux dernières sont obtenues à l'aide d'enfouissement de trèfle vert.

M. Ville a changé le nom de la méthode de M. Goetz, il l'a appelée culture sidérale, sidération ; on peut douter qu'il l'ait réellement améliorée. Dans son système il n'y a plus de bétail ni de fumier, les récoltes sont produites à l'aide de trèfle élevé, avec des engrais minéraux convenables, à son maximum de rendement et enfoui en vert. Voici comment procède l'inventeur : après avoir nettoyé sa terre, déjà améliorée du reste, il y sème du blé, et au printemps du trèfle qui reçoit 200 kilos de chlorure de potassium avec du plâtre et 4 ou 500 kilos de superphosphate. L'année suivante, lorsque le trèfle est en pleine fleur, il le roule et l'enfouit ; la terre est ensuite cultivée jusqu'à la récolte de blé pour être traitée indéfiniment de la même manière. M. Ville pourra sans doute obtenir par ce procédé des récoltes de blé de 40 hectolitres à l'hectare ; mais avec les frais dont cette jachère bisannuelle grève le sol, il est douteux qu'il puisse maintenir ce système. Au surplus, l'enfouissement du trèfle apporte au sol au moins 120 kilos d'azote, alors que les 40 hectolitres de blé n'en consomment que 80 kilos. Il serait donc sans doute possible d'obtenir une deuxième récolte de céréales, orge ou avoine. L'assolement serait alors le suivant : trèfle, blé, avoine. La première coupe du trèfle est fauchée et mise en gros tas, ou, si l'on veut, en silos, et employée après la moisson des blés à fumer la sole d'avoine ou d'orge.

Quoi qu'il en soit de ces deux modes d'emploi du trèfle, les assolements où ils ont paru ne sont pas destinés à remplacer celui de quatre ans ; ils montrent donc simplement l'importance que tous les praticiens aussi bien que les agronomes ont toujours attachée à la production du trèfle. Sans cette plante en effet la culture périclite, et il faudrait sans doute abandonner les fermes où elle ne réussit pas, s'il n'était en général possible de modifier les conditions physiques et chimiques du sol, de manière que sa culture devienne possible. Or, il y a très peu de terres où le trèfle semé dans de bonnes conditions ne puisse réussir ; il aime avant tout les terres propres et riches ; la richesse même en azote est loin d'être, en effet, sans influence sur la première végétation ; le trèfle aime les sols profonds qui sont, en général, sains et frais ; un sous-sol trop perméable réduit considérablement les produits qu'il donne et nuit plus à la récolte qu'un sous-sol imperméable ; bref, il ne demande pour donner des produits moyens qu'un sol humide et un peu moins de soins culturaux que la plupart des autres plantes ; mais il est incontestable qu'il a des exigences chimiques spéciales ; il ne saurait prospérer sur les sols dénués de potasse. C'est sans doute l'une des causes qui l'empêchent de réussir dans les terres trop perméables : les sels de potasse sont en effet très solubles, et sont entraînés dans les profondeurs du sol, beaucoup plus vite que les autres ; mais on peut donner à la plante, moitié au printemps, moitié en automne, 2 ou 300 kilos de chlorure de potassium mélangés d'une quantité convenable de plâtre. Le trèfle est avide de phosphate, mais moins peut-être que les céréales, et il est inutile de donner au sol cet élément, à moins que les céréales n'y réussissent pas.

Ainsi, la plus grande partie des sols est apte à la production du trèfle. Ceux qui ne le sont pas sont, ou marécageux, et il suffit de les assainir par le drainage, un chaulage, ou même par des fossés et une culture bien entendus, pour qu'ils deviennent capables de porter d'abondantes récoltes de trèfle ; car les détritus organiques dont ils se composent contiennent en général beaucoup de potasse, et, d'ailleurs, ces sols qui possèdent un stock considérable d'azote inactif n'ont pas besoin comme les autres d'être améliorés par le trèfle. Quant aux sols trop perméables, sableux, pierreux, crayeux, surtout lorsque la couche imperméable est située à une profondeur trop considérable, on peut admettre qu'ils sont en général trop pauvres en potasse pour produire régulièrement le trèfle, et qu'il est dès lors nécessaire de leur donner cet élément. C'est sans doute pour cette raison que les cultivateurs de la Meuse, dont les sols sont pierreux, ont pris l'habitude de fumer les trèfles, et notent que la fumure réussit à cette plante. Le fumier n'agit ici que par la potasse qu'il contient, et il serait singulièrement plus profitable de le remplacer par un engrais potassique. Les terres perméables, dont les couches profondes sont enrichies de potasse, sont au surplus par excellence des terres à luzerne, et un cultivateur judicieux doit faire revenir très souvent cette plante sur les mêmes terres.

Il conviendrait, pour conclure, de mettre en lumière les résultats économiques des deux assolements qui ont été étudiés en détail. Il me semble que les chiffres que j'ai produits plus haut laisseraient peu de doutes, mais ils sont loin encore d'être bien concrets. D'autre part, les agriculteurs sont d'accord qu'il est fort difficile à celui qui exploite un domaine d'établir une comptabilité rigoureuse. S'il s'agit de deux domaines exploités par un écrivain pour les besoins de sa cause, l'exactitude devient impossible, et celui qui est judicieux doit hésiter, s'il est en même temps honnête, à s'engager sur ce terrain brûlant. Je ne veux donc pas comparer dans leurs détails les conditions économiques de deux domaines soumis à des assolements différents, et je reprends seulement l'hypothèse que j'ai exposée un peu plus haut d'un domaine soumis successivement aux deux rotations ; mais, pour que les résultats soient plus comparables, je fais en sorte que, dans les deux assolements adoptés, les plantes qui exigent le plus de culture occupent des étendues presque égales, et que les autres cultures soient aussi semblables que possible. Il suffit pour cela de supprimer la culture du colza dans l'assolement de quatre ans et de le remplacer par la betterave à sucre, et dans l'assolement de trois ans de supprimer la demi-jachère, remplacée de la même manière par la betterave à sucre.

Un domaine de 96 hectares se trouvera ainsi divisé de la manière suivante :

	Assolement de quatre ans.		Assolement de trois ans.	
Luzerne	12 hect.		12	
Trèfle	21		9	
Betteraves, fourrages	10	21	10	28
Betteraves à sucre	11		9	
Blé	21		28	
Avoine	21		28	

Recherchons maintenant les différences des dépenses et des recettes dans les deux systèmes de culture. C'est là une recherche qui peut évidemment se faire avec une exactitude relative, et qui donnera des résultats autrement certains que si nous composions les recettes et les dépenses de chaque sorte de culture en leur appliquant les nombres que les auteurs leur appliquent ordinairement.

Dépenses. — Il y en a qui ne changent pas : le loyer, les contributions, les frais généraux, et aussi l'entretien du matériel ; car, si dans l'assolement de quatre ans les transports de fumier et de betteraves sont un peu plus considérables, dans l'assolement de trois ans les opérations de culture s'appliquent à une plus grande surface. C'est ainsi qu'à l'époque la plus occupée de l'année, en automne, dans l'assolement de trois ans les attelages doivent déchaumer 56 hectares, et façonner 28 hectares de blé, dont 9 hectares sur trèfle exigent autant de travail que 14 en terre cultivée, et enfin, transporter le fumier de trois mois et la récolte de 19 hectares de betteraves. Au lieu que, dans l'assolement de quatre ans, les attelages charrient 21 hectares de betteraves, mais ils ne labourent que 42 hectares, tant pour les déchaumages que pour les blés. Or, si on estime que les transports pour 1 hectare équivalent au labour suivi de hersage d'un hectare et demi, on voit que, dans l'assolement de trois ans, on a dans l'espace de trois mois 45 hectares à labourer de plus que dans l'assolement de quatre ans. Cette culture supplémentaire exige deux chevaux. J'accorde qu'au printemps ce supplément d'attelage n'est plus nécessaire et je les compte seulement pour la moitié de l'année. La dépense pou l'homme et les chevaux est alors de 1.200 fr.

Par compensation, dans l'assolement de quatre ans, 12 hectares de trèfle en plus et 2 hectares de betteraves à sucre, dont les pulpes sont reprises, suffisent à nourrir 27 bêtes dont le soin exige un homme de plus que dans l'assolement de trois ans, soit une dépense de 1.000 francs. Ces 27 bêtes consomment, de mai à fin septembre, environ 6 hectares de trèfle vert ; il reste donc à faner en trèfle 6 hectares de plus que dans l'assolement de trois ans.

Le tableau suivant rend compte des différences.

	Assolement de quatre ans.	Assolement de trois ans.
Culture		1.200 fr.
Bétail	1.000 fr.	
Céréales		14 hect. de moisson. 420
Fanage 6 hect.	150	
Graine de trèfle	150	
Semences de céréales		sur 14 hect. 400
Binage des betteraves 2 h.	220	
	1.520	2.020

Dépense en moins dans l'assolement de quatre ans : 500 francs.

Recettes. — On remarquera que les produits en betteraves et en trèfle sont estimés les mêmes dans les deux assolements. Il y a cependant apparence qu'ils seraient plus considérables dans l'assolement de quatre ans puisque les 27 bêtes, que le domaine pourra entretenir en plus, permettront de fumer beaucoup plus fortement, le rapport des fumiers produits dans les deux assolements étant 3/4, et la récolte d'avoine après trèfle ayant utilisé seulement une partie de la fertilité laissée par l'éteule de trèfle. Il n'y aurait donc aucune exagération à augmenter de 1/4 le produit des céréales à l'hectare dans l'assolement de quatre ans ;

cependant je m'en tiens aux estimations respectives indiquées plus haut, savoir :

Dans l'assolement de quatre ans.   Blé 30 hect.   Avoine 50
—   —   de trois ans.   Blé 25 hect.   Avoine 40

Quant aux 27 têtes de gros bétail supplémentaire, on peut admettre facilement que dans l'élevage elles rapporteraient chacune 150 fr. l'an. On aura donc en plus :

	Dans l'assolement de quatre ans.	Dans l'assolement de trois ans.
Bétail...................... 3.950 fr.		
Blé		70 hect. à 16 fr. 1.120 fr.
Avoine		70 hect. à 9 fr. 630
Betteraves à sucre, 2 h. pulpes déduites................ 1.200		
	5.150	1.750

La différence en faveur de l'assolement de quatre ans est 3.400 fr. qui, ajoutée à la différence sur les dépenses, donne un total de 4.000 fr. ; et l'on sera convaincu sans doute, d'après les explications qui précèdent, que cette différence est un minimum qui est loin d'être à dédaigner, surtout dans les circonstances difficiles que présente la culture.

Assolement de cinq ans. — Il était difficile que les défenseurs de l'assolement triennal et de la culture des céréales n'arrivassent pas finalement à s'entendre, je parle ici spéculativement, avec les inventeurs des assolements alternes ; le terrain de transaction fut vite trouvé avec l'assolement de cinq ans. Faire deux récoltes de blé en cinq ans, voilà un avantage auquel nos pères auraient été encore plus sensibles que nous, eux qui ne pouvaient récolter cette précieuse plante que tous les trois ans. Le trèfle, ne revenant que tous les cinq ans, pouvait être semé avec plus de profit, et sa réussite était plus certaine. Il n'y eut pas jusqu'aux amis de la paix et des transactions qui ne fussent satisfaits, puisque l'assolement de cinq ans se compose d'un assolement de deux ans alterne suivi de l'assolement de trois ans. Tous ces avantages réunis ne firent pas la fortune de l'assolement de cinq ans, qui n'eut jamais beaucoup d'adeptes ; cela tient à ce que les deux récoltes de céréales qui suivent le trèfle laissent souvent la terre en mauvais état, ce que l'on peut éviter dans l'assolement de trois ans en ne semant en trèfle que les terres parfaitement propres.

Aujourd'hui, il n'y a plus à hésiter ; l'assolement de quatre ans devrait être adopté, à l'exclusion de tout autre, dans tous les domaines. On ne peut lui comparer, pour les avantages économiques, que les assolements avec prairies temporaires.

CHAPITRE III

Des prairies et des assolements
avec prairies temporaires.

I. — DES PRAIRIES

Il y a bien longtemps que l'on connaît les prairies. Les premiers pionniers, encore barbares, qui défrichèrent le sol de l'Europe brûlèrent les bois des vallées ; et, reconnaissant que les céréales réussissaient mal dans le voisinage des rivières à cause des inondations fréquentes, désireux, du reste, de se procurer pour leur bétail une nourriture abondante, ils cessèrent de cultiver ces terres, qui se transformèrent d'elles-mêmes en fertiles prairies. Les plantes qu'elles portent encore aujourd'hui ont été successivement isolées, et elles servent maintenant à former les prairies temporaires.

Mais ce n'est qu'après deux mille ans que ce progrès important et peut-être sauveur a été accompli.

Pour être juste, il faut reconnaître que les agronomes du commencement de ce siècle, même les Anglais dont le climat se prête merveilleusement à la création des prairies, n'entrèrent qu'avec réserve dans cette nouvelle voie. Ce n'est que dans le deuxième quart de ce siècle, après l'introduction du libre-échange en Angleterre, que la pratique des prairies temporaires commença à devenir générale dans ce pays. La France, défendue par des droits qui n'étaient que compensateurs, bien que les économistes les aient souvent déclarés protecteurs, la France garda néanmoins ses anciennes prairies sans suivre les conseils et les exemples de l'illustre Dombasle, qui préconisait le défrichement de celles qui étaient médiocres. Il me semble que Mathieu de Dombasle fit plus tard amende honorable, mais il n'en soutint pas moins bien longtemps que les vieilles prairies devaient être remises en culture ; au reste, il eut peut-être raison, car il avait donné aux cultivateurs une méthode de culture capable d'augmenter de beaucoup leurs récoltes de céréales, et d'en rendre le produit net supérieur à celui des prairies médiocres. Mais comment convaincre les herbagers normands qui, grâce à leurs prés, passaient tranquillement leur vieillesse dans l'aisance, lorsque leurs frères, moins heureux, finissaient souvent dans la médiocrité et quelquefois dans la gêne ? Les Anglais ne trouvèrent pas non plus d'imitateurs en France pour les prairies temporaires, mais les herbages du Nivernais et du Charolais vinrent bientôt faire concurrence à ceux de la Normandie ; les autres provinces maintinrent les terres en culture, en étendant seulement la superficie des prairies artificielles. Cependant, depuis plus de vingt ans déjà, les cultivateurs se plaignaient de la rareté et de la cherté de la main-d'œuvre, lorsque la crise économique vint rendre leur situation intolérable.

Le remède qui avait sauvé l'agriculture anglaise dans une semblable crise, la prairie, fut alors essayée en France avec des succès divers. L'agriculteur continua d'être écolier comme par le passé ; et il semble que ce n'est pas fini, tant est grande la variété des procédés, bien que nos nouveaux herbagers soient à peu près unanimes à se louer de la transformation de leurs domaines.

Les uns préfèrent la prairie permanente. Qu'elle soit destinée à être fauchée comme la prairie Goetz ou à être pâturée comme l'herbage, la prairie permanente n'a point d'influence sur l'assolement pour l'améliorer, elle ne peut que lui nuire en lui enlevant la plus grande partie du fumier dont il a besoin pour se soutenir ; car, si l'herbage conserve sa fertilité par les excréments qu'y laissent les bestiaux, il en va autrement de la prairie fauchée qui a besoin d'un engrais pour réparer ses pertes annuelles. Les agronomes les plus illustres sont d'accord que le fumier ne lui convient pas : c'est là pourtant l'engrais préconisé par M. Goetz, auteur d'un système de culture dans lequel tout le fumier de la ferme est donné à la prairie.

Prairie Goetz. — Heureusement, ainsi que je l'ai montré plus haut, tout le système de culture de M. Goetz ne repose pas sur la création d'une prairie fortement fumée ; s'il en était ainsi, le système ne pourrait se soutenir, et quelques rares exemples montrent qu'il a pu être pratiqué avec succès. On peut certainement douter qu'une bande analytique, ensemencée avec différentes espèces de graines, indique exactement quelles sont les plantes qui conviennent à la terre. Que le sol puisse démêler avec cette exactitude les plantes qu'il pourra nourrir, alors que quelques-unes diffèrent moins entre elles chimiquement que deux échantillons différents de la même plante parvenus cependant à un développement normal, cela paraîtra pour le moins incroyable à ceux qui n'en ont pas été les témoins ; il faut sans doute croire aux rendements de 15.000 kilos et plus indiqués par M. Goetz, puisque des témoins dignes de foi affirment les avoir vus ; mais ce n'est un secret pour personne que les foins Goetz, quant à la teneur en azote qui mesure à peu près leur pouvoir nutritif au moins pour le bétail de rente, sont inférieurs de 1/3 au trèfle et à la luzerne ; or il est possible, dans les terres bien entretenues et avec un engrais minéral approprié, d'amener ces plantes à un rendement de 10.000 kilos ; enfin la prairie Goetz, composée uniquement de graminées, exige pour réussir une terre très fertile, et enrichie encore par l'enfouissement en plusieurs fois d'au moins 80.000 k. de fumier ; et cette première fumure, ce stock pour ainsi parler, doit être reconstitué chaque année par un apport de 30 à 40.000 kilos de fumier.

C'est souvent une source d'erreurs que d'imputer aux différentes récoltes le fumier dont elles ont besoin ; mais ici il faut bien le faire puisqu'il n'y a aucun produit secondaire auquel il soit équivalent. Or, si l'on estime à 11 fr. les 1.000 kilos la valeur du fumier charrié et répandu sur la terre, et à 60 fr. la part de culture afférente à la création de la récolte, en supposant quelle soit semée dans une céréale, on voit que les frais d'installation sont :

Fumier	880 fr.	
Culture	60 »	1.010 fr.
Semence	70 »	

M. Goetz affirme qu'il ne faut jamais défricher une pareille prairie. Mais tous les praticiens savent bien que les hauts rendements s'abaissent nécessairement sur une vieille prairie. Il ne conviendra donc pas de la garder plus de 6 ans, et les dépenses annuelles seront par conséquent :

Frais d'établissement 1/6	170 fr.	
Fumure annuelle	440 »	
Loyer	70 »	
Fauchage, fanage, emmagasinage	150 »	pour les trois coupes.

C'est un total de 830 fr. de frais. Les 15.000 kilos de fourrage à 60 fr. valent 900 fr. Le bénéfice n'existera que si la récolte dépasse 13.000 kilos. Que de frais, que d'aléa pour un résultat si mince et si incertain ! Décidément, ce n'est pas la prairie Goetz qui peut sauver la culture. Je doute qu'elle doive être recommandée aujourd'hui ; car, le cultivateur doit chercher, tout au contraire, à diminuer ses dépenses, dût-il ne pas augmenter ses recettes ; et la prairie Goetz, qui exige pour son entretien à peu près tout le fumier de la ferme, serait ruineuse pour celui qui l'adopterait sans adopter le reste du système Goetz.

Luzerne. — Quelle différence avec la luzerne qui n'est qu'une prairie d'une espèce particulière ! Dans une terre de fertilité moyenne, cette plante produira en deux coupes 7.000 kilos à l'hectare et durera 4 ans en moyenne. Les frais d'établissement seront :

Frais de culture	60 fr.
Demi-fumure, 20.000 kilos	220 »
Semence	30 »
	310 fr.

Les frais annuels sont donc seulement :

Frais d'établissement 1/4	80 fr.
Fauchage et emmagasinage, deux coupes	100 »
Loyer	50 »
Plâtrage	4 »
	234 fr.

Le produit, en tenant compte du regain pâturé, est 480 fr., soit en bénéfice 100 % des frais de culture, au lieu que la prairie Goetz donne seulement, dans les cas les plus favorables, 10 % des avances. Assurément, si les prairies, quelles qu'elles soient, sont destinées à être toujours fauchées, et si du reste elles ne doivent pas entrer dans l'assolement, il vaut mieux s'en tenir à la luzerne.

Herbages. — Il y a des cultivateurs, surtout dans le Vermandois ou la Thiérache, qui ont transformé entièrement leur domaine en herbages. Il est vrai que leur sol s'y prête admirablement. Mais cela ne suffit pas, car l'herbager ne peut en général se livrer à l'élevage, puisqu'il n'a aucune réserve pour l'hiver ; il n'y a guère que la Normandie, en France, à cause de la douceur des hivers de son climat marin, où l'on puisse, à peu de frais, en tout temps entretenir du bétail d'élève. Ainsi, il est clair que, mise à part la question du sol qui a une importance majeure ; la terre de France ne pourrait pas être transformée, généralement, en herbages : puisque nous deviendrions, dès lors, tributaires de l'étranger pour l'achat du bétail, tributaires aussi, sans doute, pour la vente, ce qui serait un double désastre. Mais à côté du désastre économique, le désastre moral et social ne serait pas moindre ; ce n'est pas ici le lieu d'y insister davantage. Un cultivateur réfléchi et judicieux ne transformera donc en herbages qu'une partie de son exploitation, et dès lors, à moins que certaines parties du domaine ne conviennent spécialement à cette création, il n'y aura aucun intérêt à ne pas y soumettre successivement les différentes soles, en adoptant un assolement avec prairies temporaires.

II. — DES ASSOLEMENTS AVEC PRAIRIES TEMPORAIRES

Ce sont les Anglais qui ont inventé les prairies temporaires, et leur procédé pour les créer, très simple et très peu coûteux, était en même temps très efficace : les prairies étaient semées dans les mêmes conditions que le trèfle, c'est-à-dire dans un blé après récolte sarclée de betteraves, et la semence ne fut tout d'abord qu'un mélange de 20 kilos de ray-grass avec 8 kilos de trèfle : c'est-à-dire ce qu'il faut de semence pour produire, après le blé, une récolte de trèfle de plein rapport, mélangé de 1/3 environ de son poids de ray-grass. La deuxième année, une grande partie du trèfle était détruite ; mais le ray-grass ayant pris de la force, la prairie donnait de bonne heure une bonne coupe suivie d'un pâturage abondant. Les deux dernières années, la prairie était généralement livrée au pâturage. Ce système se perfectionna en s'étendant dans toute l'Angleterre. Des plantes vivaces nouvelles, le Timothy, herbe vivace très vigoureuse, le trèfle hybride, presque aussi vigoureux que le trèfle violet, mais de plus de durée, furent introduits dans la semence de prairie, puis successivement presque toutes les plantes des prairies naturelles.

On a fait autrement depuis; on a généralement supprimé le trèfle violet et souvent même le trèfle hybride, mais on n'a pas fait mieux. La prairie française qui a l'avantage, si c'en est un, de pouvoir être pâturée la première année, et de l'être généralement, comprend beaucoup d'espèces variables suivant la composition chimique et physique du sol et du sous-sol. Il y a des mélanges pour les sols frais, pour les sols humides, pour les sols siliceux, argilo-siliceux, etc..... Il y en a aussi pour les sols calcaires, secs, sableux, graveleux, tous très perméables ; c'est-à-dire pour beaucoup de sols qui ne devraient point porter de prairies ; car, c'est se faire une illusion singulière que de croire que la prairie convient à tous les sols, ou même à tous les climats, lorsqu'il est certain, au contraire, que les Anglais n'ont aussi bien réussi que parce qu'ils ont parfaitement su adapter cette culture à leur climat et à leur sol. Quoi qu'il en soit, on n'emploie guère aujourd'hui, en France, comme légumineuse pour les prairies, que le trèfle blanc avec un peu de trèfle hybride ; le gazon est produit par les ray-grass, les dactyles, les fétuques et par d'autres graminées plus petites, qu'il n'y a aucun intérêt de semer lorsque la prairie est destinée d'abord à être fauchée. C'est là, au moins, le système pratiqué dans la Meuse pour la création des prairies. Or, il n'est pas malaisé de se convaincre que ce mode de création et d'exploitation est beaucoup moins avantageux que le système anglais.

Supposons un hectare de prairie ensemencé avec :

Trèfle violet.........	8 kilos	soit........	8 fr. 80
Trèfle hybride.......	2 »	»	5 » »
Ray-grass...........	15 »	»	9 » »
Timothy.............	2 »	»	2 » 40

Un pareil mélange coûtera 25 fr. à l'hectare. En France, à cause du climat plus sec, il conviendrait sans doute de remplacer une partie du ray-grass par des plantes plus précoces et plus fortes, dactyles et fromental; cela porterait la dépense à 30 fr. Mais si l'on veut remplacer le trèfle violet par le trèfle blanc, il en faudra semer au moins 8 kilos à l'hectare, et augmenter la proportion des graminées, pour que la prairie puisse être pâturée dès la première année. On emploiera :

Trèfle blanc.........	8 kilos.............	20 fr.	»
Trèfle hybride......	2 »	5 »	»
Ray-grass..........	15 »	9 »	»
Timothy............	2 »	2 »	50
Fromental..........	5 »	6 »	50
Dactyles...........	5 »	6 »	50
Fétuque............	5 »	11 »	»

C'est une dépense de 60 fr. par hectare.

L'élevage ne saurait d'ailleurs s'accommoder du pâturage exclusif, car si les bêtes adultes, surtout le gros bétail, peuvent supporter la privation de fourrage pendant l'hiver et vivre uniquement de racines, il n'en est plus de même des veaux ni même des moutons. Les petits animaux, mais surtout les jeunes, ne sauraient se passer de fourrage. Dès lors, on doit faucher une partie des prairies, et, dans ce cas, ce sont les jeunes que l'on doit faucher. Lorsque la prairie est bien faite, c'est-à-dire composée surtout de trèfle violet, le fauchage, la première année, ne lui fait que du bien. Les plantes coupées deux fois dans l'année ont le temps de prendre tout leur développement et leurs racines peuvent s'étendre à l'aise dans un sol encore meuble. La première année est du reste de beaucoup la meilleure, et pour obtenir une quantité donnée de fourrage il est besoin d'une moindre superficie ; enfin la terre a le temps de prendre son tassement naturel et de s'engazonner, et lorsque la prairie est ensuite soumise au pâturage, les pieds des bêtes n'y enfoncent plus, au lieu qu'une prairie pâturée dès la première année est tassée par le piétinement des bestiaux au grand détriment des récoltes suivantes.

Mais s'il est très avantageux de soumettre d'abord une prairie au fauchage, il y aurait perte à la faucher tous les ans. Si la prairie doit durer quatre ans, il convient de la faire pâturer les deux dernières années au moins ; car, les hauts rendements ne peuvent être maintenus à partir de la deuxième année qu'à l'aide d'un apport d'engrais dont la prairie pâturée n'a pas besoin. Le pâturage est, du reste, incontestablement, quant au produit net, le système le plus économique d'exploitation des prairies, à ce point qu'il est la cause unique de leur extension.

Notre prairie, semée comme il est dit plus haut, sera donc fauchée deux fois la première année ; elle donnera en outre un regain très abondant qui sera pâturé par les vaches d'abord, par les moutons ensuite lorsque la terre sera tassée. Ce pâturage suffira à garnir la prairie de trèfle blanc. La deuxième année la première coupe seule sera fauchée, et à partir de ce moment la prairie deviendra une pâture qui sera défrichée deux ans plus tard. La prairie ayant ainsi duré quatre ans, laissera la terre aussi riche que si on l'avait défrichée au bout de la première année, lorsqu'elle comprendra à peu près autant de légumineuses que de graminées. Or, il est toujours facile de produire cette flore spéciale en renouvelant la provision de potasse du sol ; il suffit pour cela de donner à la prairie, à l'automne, après la première année de récolte, 100 kilos de chlorure de potassium. Mais si la prairie est à la fois parquée et pâturée, si le bétail y demeure nuit et jour, le sol se trouve toujours enrichi, parce que, dans ce cas, les légumineuses persistent et se développent de plus en plus, outre que tous les excréments des animaux retournent à la terre.

Nous avons assigné à la prairie une durée de quatre ans, c'est une moyenne convenable; mais il est certain que la durée est fort variable, et que de ce côté la prairie temporaire se prête à une grande variété d'assolements. Bien que la prairie pâturée améliore la terre, ce n'est pas une raison toujours pour qu'elle s'améliore elle-même; on sait, au contraire, que dans les sols humides à sous-sol imperméable elle finit très vite par donner des produits minimes et de mauvaise qualité. Le produit le plus abondant, lorsque la prairie est bien réussie, est toujours celui de la première année. A partir de ce moment, les plantes qui la composent changent d'habitudes; à mesure que la terre se tasse, elles deviennent plus drues mais aussi moins élevées, la précocité augmente, comme dans toutes les plantes qui ne sont plus soumises à la culture. C'est ainsi que le trèfle blanc, qui ne peut fournir qu'une pâture dans les vieilles prairies, fournit souvent, dans les jeunes, un fourrage long de plus de 0,50 c. Or, cette qualité tenant essentiellement à la culture et à l'ameublissement du sol, on voit qu'il y a intérêt à en faire durer les bons effets en évitant un pâturage trop précoce.

Par la suite, le sol devenant acide à cause d'une aération insuffisante, les légumineuses et les grandes graminées sont remplacées peu à peu par des plantes acides de la famille des composées : les plantains, les oseilles, les marguerites, et par des graminées plus petites et traçantes, les agrostis, plantes moins appétissantes pour le bétail et de plus épuisantes; enfin la mousse prend possession du sol. Il y a donc intérêt à défricher la prairie au commencement de cette période; or, cette époque est très variable, elle dépend avant tout du sol, du sous-sol, du climat et de l'exposition. En général, un sol sec et chaulé, ou contenant une grande quantité de calcaire, demeure longtemps sain; une prairie en sol argileux s'améliore l'hiver par la gelée; les bas-fonds à sous-sol imperméable sont, en général, les terres où les prairies s'usent le plus vite; ce sont, du reste, celles où elles réussissent le mieux. Le pâturage des dernières années aussi augmente la durée des prairies; en ne permettant pas aux plantes de mûrir, et en leur donnant continuellement une nourriture convenable, il prolonge l'existence des espèces utiles et empêche l'établissement des mauvaises plantes, enfin la prairie se conservera plus longtemps dans un sol pauvre qui, toutes choses égales d'ailleurs, devient moins rapidement acide. Or, ceci a une importance capitale, car ce sont précisément les sols pauvres, lorsqu'ils ne sont pas par trop secs, qu'il convient de transformer en prairies pour les mettre en valeur : un sol pauvre n'a aujourd'hui aucune valeur culturale, il ruinerait infailliblement celui qui persisterait à le cultiver; transformé en prairie, qui exceptionnellement sera pâturée dès la première année, il laissera immédiatement un petit bénéfice au cultivateur, et s'améliorera en même temps par ce procédé beaucoup plus vite qu'un sol riche. Aussi l'illustre et regretté M. Moll disait-il à ses élèves : « Faites deux parts de votre exploitation ; les terres les plus riches, les plus faciles à cultiver, les plus voisines de la ferme surtout, mettez-y tous vos fumiers et soumettez-les à une culture intensive. Mais ne faites pas la faute de cultiver les terres pauvres et éloignées, semez-y à peu de frais des pâtures pour vos moutons avec vos fonds de grenier à foin. » J'ajoute qu'il ne sera pas inutile de semer en plus un peu de trèfle blanc, bien qu'il naisse, en général, spontanément sous la dent des moutons ; il sera nécessaire aussi de défricher de temps à autre la prairie ; on la laissera durer suivant les sols de cinq à sept ans ; on récoltera à la suite deux avoines, la première sur défrichement, la deuxième sur deux labours ; et le sol sera alors en état convenable pour être ensemencé en prairie, avec des graines mieux choisies qui donneront un produit plus considérable.

Dans les terres riches les cultivateurs judicieux sont aujourd'hui à peu près d'accord sur les avantages que présente l'établissement des prairies ; mais ils varient beaucoup, au moins dans la Meuse, sur la durée à leur donner : M. Millon, à la ferme-école des Merchines, ne les laisse qu'une année, qui est entièrement consacrée au pâturage. Sans doute, il appuie sa pratique sur ce fait que la première année des prairies est la meilleure ; mais il y aurait encore d'autres bonnes années après la première, et il y en aurait certainement d'autres avantageuses, d'autant que M. Millon emploie à l'hectare environ 70 fr. de semence et que cette dépense au moins se trouverait répartie sur plusieurs années ; bref, une prairie qui ne dure qu'un an est sans doute un peu moins avantageuse qu'un trèfle. D'autres, dans des terres riches mais sèches, à sous-sol de gravier calcaire, laissent les prairies indéfiniment. Leur pratique, qui ne remonte pas à plus de huit ans, n'est peut-être pas assez ancienne pour ne pas pouvoir être modifiée. A cet égard l'exemple de la Suisse est d'un grand poids : ces herbagers de grande expérience commencent à prendre l'habitude de renouveler leurs prairies fauchées et ils y trouvent du bénéfice. D'autres enfin défrichent leurs prairies au bout de quatre ans, et récoltent à la suite une avoine, la prairie laissant généralement la terre très propre ; on obtient ensuite une très bonne récolte de betteraves, avec un peu moins de fumier et de culture que d'habitude. On pourrait semer de nouveau la prairie dans le blé qui lui succède ; mais si l'on veut maintenir en culture la moitié des terres de la ferme il faut récolter encore une avoine, et l'on gagnera d'enterrer auparavant un engrais vert, trèfle ou colza, par exemple. Au point de vue de la préparation de la terre, le colza vaut mieux, mais le trèfle coûte moins cher, et réussit plus sûrement ; on pourrait l'enterrer au milieu de l'automne, et les gelées de l'hiver façonneraient suffisamment la terre pour que la prairie réussît, dût-on employer un peu plus de semence.

La luzerne, soit seule, soit associée à des graminées précoces, comme je l'ai indiqué plus haut, peut aussi entrer dans les assolements. On croyait autrefois que la luzerne, qui durait alors fort longtemps, devait occuper des terres soustraites à l'assolement ; c'est une idée dont on revient aujourd'hui, depuis que l'on a remarqué que les couches profondes du sol ayant été épuisées des éléments nourriciers de la luzerne, cette plante ne peut pas durer plus de trois ou quatre ans, en donnant de bonnes récoltes ; si on défriche une luzerne de trois ou quatre ans, il ne faudra pas plus de quatre ou cinq ans pour que le sol ait recouvré, au moyen des fumiers et des sels de potasse, les éléments nécessaires à la végétation de cette plante.

De là, l'assolement suivant : betteraves, blé, trois années de luzerne, et deux avoines séparées par un engrais vert, qui peut, à ce qu'il me semble, être le trèfle ; car si la luzerne ne réussit pas après le trèfle, le trèfle réussit bien après la luzerne. C'est un assolement très bon, parce qu'il est à la fois très productif et très économique ; il n'a qu'un inconvénient, c'est de ne permettre le pâturage qu'à l'arrière-saison ; mais dans les environs de Paris, où il est surtout pratiqué, les cultivateurs peuvent vendre avantageusement une grande partie de leur fourrage, et préfèrent ainsi en récolter une grande quantité et entretenir moins de bétail en important une quantité suffisante d'engrais.

Les terres des environs de Paris conviennent à la fois à l'établissement des prairies et à la végétation de la luzerne ; mais il y a des terres qui sont trop perméables pour que la prairie y donne des produits suffisants, il faut bien dans ce cas recourir à l'assolement que je viens d'indiquer.

Dans une lettre à Mathieu de Dombasle, où il se défend de ne pas adopter les assolements alternes, M. le pasteur Vincent indique l'assolement suivi dans la plaine de Vestre près de Nîmes : « Nous commençons, dit-il, par une luzerne que nous semons au printemps avec 54 charretées de fumier par hectare. Pendant les quatre années suivantes nous avons en 5 coupes 360 quintaux de luzerne sèche, que nous vendons 2 fr. le quintal, ou bien nous vendons la récolte sur pied à raison de 550 fr. par hectare et par an. Au bout de quatre ans nous défrichons, puis nous semons trois froments successifs, puis une avoine.

« Après l'avoine et en perdant une année, nous semons en mars un sainfoin qui nous donne trois récoltes sans fumier, et nous rend pour chacune 180 quintaux par hectare, plus 40 quintaux de regain, soit 400 fr. en argent. Après le sainfoin, nous mettons trois blés et une avoine, et nous recommençons notre assolement par la luzerne. Total, en dix-sept années et avec un seul mais fort fumier : deux années seulement de perdues........ » (Lettre à M. de Dombasle, *Annales de Roville*, 5ᵉ année.)

Je doute qu'un pareil assolement puisse se soutenir longtemps, puisque la moitié du fourrage est vendu, et par conséquent la moitié de la potasse exportée, soit d'après les tables de Wolf 270 kilos par hectare et par an pour la luzerne, et 190 pour le sainfoin. C'est donc une perte totale, par exportation seulement, en dix-sept années, de 1.840 kilos de potasse par hectare. Si les terres du pasteur Vincent n'en contenaient que 10.000 kilos à l'hectare, comme la moyenne des terres, l'assolement de dix-sept années en retirerait au total 4.500 kilos, dont moins de 600 kilos leur seraient rendus par le fumier. Il est vrai qu'il y a certainement un stock de potasse dans le sous-sol, mais il est certain aussi qu'il faudra tôt ou tard le renouveler.

Il est malaisé, sans doute, de comparer, au point de vue économique, les assolements avec prairies temporaires avec l'assolement de quatre ans ; ici, un élément nouveau intervient, et assez variable de sa nature, le pâturage. Cependant, depuis quelques années, pour les raisons que j'ai indiquées et peut-être d'autres encore, ces assolements ont pris tant d'importance que cette comparaison s'impose, malgré les incertitudes qu'elle présentera.

Avec le pâturage pendant l'été, le bétail n'exigera pas plus de deux hommes : un berger et un marquaire. Pendant l'hiver, au contraire, il faudra dans l'élevage au moins un homme par 40 bêtes ; ce système économise donc un homme pendant au moins sept mois de l'année. Or, sur la ferme de 96 hectares, que nous avons supposée avec 48 hectares de prairies et 12 de betteraves, il faudra consacrer au pâturage toutes les prairies, sauf celles de première année, pour que la ferme puisse entretenir autant de bétail l'été que l'hiver. L'expérience démontre, d'autre part, que, dans l'élevage, en tenant compte pour les moutons du pâturage d'hiver, un hectare de prairie établie dans de bonnes conditions, c'est-à-dire sur un sol riche et suffisamment humide, pourra entretenir un peu plus de trois bêtes de 500 kilos. C'est à peu près le résultat que j'obtiens dans la Meuse, sur des terres fraîches, mais produisant en blé moins de 20 hectolitres à l'hectare. Nos 36 hectares de pâturage entretiendront donc facilement 115 bêtes, en remarquant qu'il y aura sans doute excédant de pâturage en juin, ce qui obligera de récolter la moitié environ des prairies de deuxième année. Mais il faudra sans doute livrer au pâturage, en juillet et août, la plus grande partie des deuxièmes coupes des prairies de première année.

Dans ces conditions, on entretiendra l'été 115 têtes de gros bétail, non compris les chevaux. Les 12 hectares de betteraves et autant de fourrages récoltés suffiront largement, déduction faite de la nourriture des chevaux, à l'entretien de ce bétail pendant les cinq mois d'hiver.

Dans l'assolement de quatre ans, en ne faisant que des betteraves fourragères, on entretiendra un peu plus de bétail, 129 têtes, y compris les chevaux, soit 121 bêtes de rente. Il serait sans doute raisonnable d'admettre que le bétail profitera plus dans les prairies qu'à l'étable, mais je laisse cela de côté. D'autre part, le fumier produit dans l'assolement de quatre ans sera plus considérable de un cinquième envîrou, mais il y a 24 hectares à fumer, au lieu de 12. On peut donc admettre que les récoltes, dans le cas des prairies, seront au moins égales à celles obtenues dans l'assolement de quatre ans. Enfin ici le total en culture sera 63 hectares contre 48 dans l'assolement avec prairies, qui demandera, par conséquent, deux chevaux et un homme de moins. De là les résultats suivants :

RECETTES

En plus : assolement de 4 ans.   **En plus : prairies.**

Bétail.. 900 fr.

Blé.... } 42 h. contre 36... 6 hect............. 2.700 fr.
Avoine. }

En plus....................... 3.600 fr.

DÉPENSES

En moins : assolement de 4 ans.   **En moins : prairies.**

Bétail................................., 1 homme, 7 mois..,... 700 fr.
Culture......................., 1 homme, 1 an....... 1.000 fr.
Chevaux 2, amortissement et avoine en moins.................. 800 fr.
Frais généraux et entretien du matériel en moins................ 300 fr.
Semences, en moins 9 hect. betteraves et 6 de céréales............ 220 fr.
Récolte............................ sur 6 hectares.......... 200 fr.
Betteraves, sarclage et arrachage sur 9 hect...................... 900 fr.

Total....... 4.120 fr.

Soit une différence de 500 fr.

Cette différence est trop minime pour déterminer dans un sens ou dans l'autre le choix d'un agriculteur judicieux ; elle peut même fort bien ne pas exister ; l'établissement théorique d'un compte de culture est un point trop délicat pour qu'il ne soit pas téméraire d'affirmer que l'avantage se trouvera certainement d'un côté ou de l'autre. Mais un point qui n'est pas douteux, c'est que l'assolement de quatre ans exige une dépense supplémentaire annuelle d'environ quatre mille francs, et un capital fixe d'environ six mille francs ; c'est un total de 10.000 fr. de capital d'exploitation que les assolements avec prairies n'exigent pas. Ajoutons les chances de verse, de grêle et autres accidents que la prairie ne craint pas, et nous pourrons affirmer que ces considérations suffisent dans la généralité des cas pour décider les cultivateurs en faveur des assolements avec prairies temporaires.

Si, de ce domaine cultivé avec tous les soins possibles, nous passons maintenant à un domaine moins bien entretenu, ruiné peut-être, la détermination ne peut plus être douteuse ; là où la culture des céréales ne peut amener que la ruine, la prairie temporaire sera le salut. Sans vouloir insister plus que de raison sur ce point qui est acquis, j'observe seulement qu'il y a accord aujourd'hui entre les praticiens, sur la perte qui résulte de la culture des terres qui ne peuvent donner de 250 à 300 fr. de produit brut à l'hectare, c'est-à-dire au moins 17 hectolitres de blé. Or, à l'aide de la prairie temporaire, qui donne toujours un produit net, la plus grande partie des terres étant soustraite à la culture, le rendement des autres, qui reçoivent tous les fumiers de la ferme, et sont façonnées avec plus de soin, se trouve considérablement augmenté. Sur un domaine de cette sorte, ce qu'il y a de mieux à faire, c'est d'avoir, si l'on peut, de bonnes **prairies** ; et si l'on ne peut, d'assez bonnes ou même de mauvaises, plutôt que de tout cultiver.

Utilisation des prairies. — La prairie devient, dans le nouveau système de culture, d'une importance majeure ; de l'emploi de ses produits dépend, avant tout, le succès. Or, ces produits ne sont pas, en général, utilisables directement, parce qu'ils ne sont pas vendables comme les grains ; les besoins en fourrages sont restreints, et il y a telles situations, c'est-à-dire la plupart, éloignées des centres de production, qui ne permettent pas de les vendre avantageusement. Il faut donc, en général, consommer à la ferme les produits des prairies ; et c'est une question qui rentre évidemment dans l'étude des modifications des systèmes de culture, que celle de l'utilisation de ces produits. On peut distinguer, à cet égard, trois méthodes : le fauchage des prairies, le pâturage et le parcage, enfin la méthode mixte du fauchage et du pâturage ; et ces différentes méthodes donneront des résultats différents, suivant qu'on adoptera telle ou telle spéculation de bétail, c'est-à-dire l'élevage du mouton ou du gros bétail, ou l'engraissement de l'un ou de l'autre. L'étude des différentes spéculations de bétail rentre donc nécessairement aujourd'hui dans l'étude des systèmes de culture, aussi bien pour la production de l'engrais que pour la production de la viande, de la laine ou du lait.

J'ai expliqué, plus haut, que le produit de la première année des prairies est toujours supérieur à celui des années suivantes, quelle que soit, du reste, la méthode d'exploitation ; et j'ai constaté qu'il y avait toujours avantage à faucher les prairies, la première année. Je considère comme acquis qu'en faisant pâturer la prairie, la première année, on diminue son produit en fourrage, c'est-à-dire que l'herbe pâturée par le bétail, d'une manière continue, pèserait moins que l'herbe fauchée deux ou trois fois, et que la qualité qui est supérieure ne compenserait pas ce qui manque en quantité. Mais on diminue aussi la productivité de la prairie, si je puis m'exprimer ainsi, c'est-à-dire que les racines des plantes ne prennent pas leur développement normal dans une terre foulée dès le commencement, et que les grandes espèces, qui ne peuvent se développer que lorsqu'on les a laissé pousser, meurent avant que la prairie ait eu le temps de se garnir des espèces gazonnantes ; donc, l'exploitation d'une prairie doit commencer par le fauchage. J'ai dit encore, et je considère encore comme acquis que le fauchage cesse d'être avantageux au bout de la deuxième année, époque où le trèfle rouge a complètement disparu, même lorsque la prairie a reçu un engrais minéral approprié. L'absence du trèfle diminue, sans doute, la quantité du fourrage, mais il en diminue surtout la qualité. Le pâturage, au contraire, change la nature de l'herbe, en accroît la qualité, et peut profiter au bétail même sans cet accroissement de qualité, parce que l'herbe jeune et verte est plus riche en azote, et à richesse égale plus profitable que l'herbe sèche ; il en résulte qu'en général le régime mixte, pour les prairies, est celui qui donne le plus de bénéfice au cultivateur.

Mais il faut choisir judicieusement le bétail, qui consommera la récolte des prairies. Que l'on élève ou que l'on engraisse, une première question se pose : faut-il choisir le gros bétail ou le mouton ? Lorsque la prairie est mal établie, lorsque le sol en est maigre et que les produits en sont faibles ; si, en outre, elle est située loin du centre de l'exploitation, il n'y a qu'un moyen de l'exploiter avec profit : c'est de la faire pâturer par un troupeau de moutons. Mais si la prairie est celle que j'ai décrite plus haut, établie sur un sol riche pouvant produire, les deux premières années, 6 à 8.000 kilos de fourrage, ce serait une faute d'en faire consommer les produits par les moutons. Toutes choses égales d'ailleurs, le mouton donne moins de bénéfices que le gros bétail, dans l'élevage surtout. Avec un troupeau de 200 brebis mères, soit 300 bêtes adultes et 190 agneaux, on aura difficilement à vendre, en tenant compte des pertes, 185 bêtes par an : soit 95 agneaux mâles et 90 brebis de quatre à cinq ans, et tout cela ne produira guère, aux cours actuels, que 6.000 et quelques cents francs avec la laine. Un pareil troupeau consommera autant, en poids, qu'une troupe de 25 vaches et de 25 veaux de différents âges ; et si les vaches et les moutons vivent dans des pâturages de même fertilité, il faudra pour les derniers un tiers de superficie en plus, parce qu'ils rasent davantage et qu'ils retardent ainsi la croissance de l'herbe. Il est vrai qu'ils peuvent vivre dehors dans les mêmes pâturages en novembre, et jusqu'à la fin de février : c'est-à-dire, en moyenne, pendant 60 jours pendant lesquels les vaches ne peuvent pâturer ; mais l'économie de fourrage, qu'ils peuvent faire ainsi, est loin de compenser les sacrifices qu'il faut faire au printemps pour les nourrir. Si l'on tient compte, en outre, que pour en tirer parti il faut donner encore aux bêtes, que l'on livre à la boucherie, de 3 à 5 fr. de tourteau ou de grain : soit, pour 180 bêtes, 700 fr., on voit qu'il ne reste en définitive, comme produit brut du troupeau de 500 têtes, que 5.500 fr., avec une dépense supérieure de 1/3 en été, et inférieure de 1/4 en hiver ; c'est-à-dire, en définitive, sensiblement supérieure à celle de nos 50 têtes de gros bétail. Si l'on considère enfin que le mouton exige surtout une nourriture riche, beaucoup plus riche, et qu'il trouve difficilement sur des prairies établies en terrain frais, on reconnaîtra, sans doute, que la tenue du gros bétail semble devoir être plus avantageuse ; mais il est positif que le produit brut de notre troupeau de 50 grosses bêtes sera très supérieur à celui des moutons.

Nos 25 vaches, lorsqu'on aura soin d'en éliminer celles qui seront médiocres après leur premier et leur deuxième veau, nourriront leurs veaux pour l'élevage pendant 3 mois, à raison de 6 litres par jour le premier mois, et de 4 litres le reste du temps ; et donneront encore en moyenne 4 litres de lait par jour, soit 1.460 litres de lait par an à 0,11 c., prix payé en moyenne dans la Meuse. Cela fait 160 fr., ou pour 25 vaches.. 4.000 fr.

Il sera vendu 25 veaux de lait, de 6 semaines, à 70 fr....   1.750 fr.

8 veaux seront élevés, et permettront la vente de 8 bêtes adultes, de 4 à 500 kilos, valant en moyenne aujourd'hui à frais lait 330 fr. 2.640 fr.

Le total, 8.400 fr. est supérieur de près de 3.000 fr. au produit des moutons ; et il semble que ce soit un minimum qui augmenterait, si l'on entretenait la même proportion de bêtes adultes dans le gros bétail que dans les moutons, soit 30 bêtes. Le produit, par tête, pourrait alors être estimé en moyenne à 200 fr. Du reste, ce ne sont plus là des spéculations, l'expérience a prononcé ; les troupeaux de moutons sont en train de disparaître en France, parce qu'ils laissent presque partout le cultivateur en perte.

L'engraissement, soit qu'il s'agisse de moutons, soit qu'il s'agisse de gros bétail, exige de la part du cultivateur, qui veut s'y livrer, des aptitudes spéciales : il faut qu'il connaisse parfaitement le bétail, qu'il sache reconnaître le bon du médiocre et n'offrir qu'un prix convenable, c'est-à-dire faible ; il faut surtout qu'il sache se garder des entraînements irréfléchis ; il faut qu'il connaisse à fond le rationnement du bétail, et qu'il sache graduer les rations pour tirer profit de la nourriture qu'il donne ; et cette connaissance est plus difficile que dans l'élevage, parce qu'elle est plus incertaine. Avec tout cela, l'engraisseur ne parera pas toujours à l'aléa qu'entraîne nécessairement ce genre de spéculation, et il faudra que la différence, entre le prix du bétail gras et celui du bétail maigre, soit considérable pour qu'elle puisse être fructueuse. Au surplus, l'engraissement ne pourra jamais être qu'une spéculation spéciale ; l'élevage sera toujours une spéculation générale.

Une question importante reste à résoudre : celle des étendues respectives à consacrer à la culture des céréales et à la culture des fourrages ; à la condition, bien entendu, que la fertilité soit au moins maintenue, et la production fixée à 30 hectolitres de blé, sans importation d'engrais azotés. Dans l'assolement de quatre ans, le rapport des 2 surfaces est 42/96 ou 7/16. Est-il possible, dans l'assolement avec prairies temporaires, de conserver le même rapport des surfaces consacrées aux fourrages et aux céréales, sans importation d'engrais azotés ? il est facile de se convaincre que cela est impossible. Supposons, en effet, que, dans notre exploitation avec prairies temporaires, la même quantité de bétail soit entretenue que dans l'assolement de quatre ans, et que l'on entretienne seulement du gros bétail, pâturant de la fin d'avril à la fin d'octobre, pendant six mois seulement. Un pareil bétail fera, en été, 1/5 de fumier en moins que le bétail nourri à l'étable ; on aura donc en moins, sur toute l'année, 1/10e de fumier ; et, pour en mettre autant à l'hectare que dans l'assolement de quatre ans, il faudra en couvrir seulement 19 hectares au lieu de 21. Dans la ferme de 96 hectares, que nous avons considérée, le bétail consommera, en six mois d'hiver, les 19 hectares des betteraves avec la moitié du fourrage récolté ; et il faudra, l'été, 30 hectares de prairies pour le nourrir. Il faudra donc 38 hectares de prairies, et il restera à emblaver en céréales 38 hectares seulement, soit à peu près 4/10 de l'étendue totale au lieu de 4/9.

Dès lors, l'assolement sera le suivant :

Betteraves.	Blé.	Prairie, 4 ans.	Avoine.
9 h. 50.	9 h. 50.	38 h.	9 h. 50.

Betteraves.	Blé.	Avoine.
9 h. 50.	9 h. 50	9 h. 50.

On voit que cet assolement comporte deux céréales de suite, et, par conséquent, les rendements y seraient moindres que dans l'assolement de quatre ans, à moins que l'on ne sème dans le deuxième blé du trèfle, destiné à fournir à l'avoine la totalité de l'azote dont cette plante a besoin.

Cet assolement est certainement supérieur à celui que nous avons décrit plus haut.

Betteraves.	Blé.	Prairie, 4 ans.	2 Avoines.
12 h.	12 h.	48 h.	24 h.

La surface maintenue en céréales y est supérieure de 2 hectares. La réussite de l'engrais vert est certaine ; et, par conséquent, la deuxième récolte d'avoine y sera certainement plus considérable. Le bétail, entretenu avec un peu plus de frais, il est vrai, est aussi plus considérable. Il est vrai qu'il exige plus d'attelages et de main-d'œuvre ; mais cet inconvénient ne compense pas ses avantages.

CHAPITRE IV

De l'entretien de la fertilité du sol
et des systèmes de culture.

J'ai été amené plus haut à négliger, au moins provisoirement, dans l'étude de la fertilité, les éléments autres que l'azote, parce que celui-ci a, en général, une part prépondérante, et, à coup sûr, moins bien définie que les phosphates, la potasse et la chaux dont nous ne nous sommes guère occupés qu'incidemment. Ces derniers éléments étant exclusivement fournis par le sol, on sait exactement ce que les récoltes de chaque espèce lui en enlèvent. Il en est autrement pour l'azote, qui est tantôt fourni par l'atmosphère, tantôt par le sol, et le plus souvent par les deux ensemble ; de sorte qu'il est difficile d'établir la part contributive de chacun. J'ajoute que la terre ne porte pas, en général, une seule récolte. S'il s'agit de fourrages, c'est une bonne habitude de mélanger les semences ; s'il s'agit de céréales, la récolte est, le plus souvent, salie par des plantes adventices qui ne se nourrissent pas de la même façon que les céréales. Pour les éléments minéraux, on peut admettre, sans erreur sensible, que la quantité enlevée au sol est celle qu'aurait enlevée la récolte supposée propre ; de sorte qu'en supposant connue, à un moment donné, la composition du sol, et le poids de chaque récolte qu'il a produite depuis, et des engrais qu'il a reçus, on aura facilement, avec une approximation très suffisante, le stock des éléments minéraux qu'il contient encore aujourd'hui. Il en est autrement pour l'azote, dont la végétation seule peut indiquer *la quantité disponible*.

Or, il est clair que l'entretien de la fertilité absolue du sol exige, tout d'abord, le renouvellement des éléments minéraux, au fur et à mesure de leur enlèvement par les récoltes, et l'apport d'une quantité d'azote suffisante pour que la végétation soit toujours vigoureuse. On arrive facilement à ce résultat, à l'aide des engrais chimiques ; moins bien à l'aide des engrais organiques, pas du tout à l'aide du fumier de ferme seul ; mais on peut, au contraire, y arriver par l'emploi combiné du fumier de ferme et des engrais chimiques. Enfin la méthode des engrais verts, nouvellement remise en honneur ou peut-être en vogue, permet de même, par un apport convenable d'engrais, d'entretenir la ferme dans un état primitif de fertilité.

De là, différents systèmes de culture : la culture à l'aide des engrais chimiques ou industriels ; la culture avec le fumier de ferme, seul ou combiné avec les engrais chimiques ou le chaulage ; enfin la culture à l'aide des engrais verts, seuls ou combinés avec les engrais chimiques. Nous allons examiner ici séparément chacun de ces systèmes de culture, voir quels sont ceux qui améliorent ou qui entretiennent, ceux qui sont intensifs ou extensifs ; et, enfin, s'il y a lieu, ceux qui sont économiques ou ruineux.

I. — Culture a l'aide des engrais chimiques ou industriels

Il y avait déjà longtemps que les engrais industriels ou les engrais organiques naturels, et notamment le guano du Pérou, étaient employés en Angleterre et dans le nord de la France, lorsque la méthode des engrais chimiques fit à son tour son apparition. M. George Ville, qui n'en fut sans doute pas l'inventeur, mit la plus grande ardeur à en propager l'emploi ; le champ d'expériences de Vincennes fut créé pour éclairer la doctrine des engrais chimiques. Il était difficile de trouver un terrain plus convenable pour une pareille expérimentation : une terre pauvre et légère n'apportait dans les cultures, à l'aide des engrais chimiques, que des perturbations très minimes. Il n'en eût pas été de même avec une terre riche et forte ; aussi les résultats de la culture, à l'aide des engrais chimiques, parurent tout d'abord merveilleux : la chaire du champ d'expériences de Vincennes, si brillamment occupée par M. Ville, fit résonner aux oreilles des agriculteurs les accents de triomphe dont les auditeurs au moins implicitement agricoles du célèbre professeur ont gardé le souvenir ; je ne veux que résumer ici son enseignement.

Les végétaux ne se nourrissent pas comme les animaux : ceux-ci assimilent en partie la nourriture qu'ils absorbent, nourriture organique dont la force vitale fait du sang ; l'air n'intervient, en général, que pour entretenir la combustion pulmonaire ; l'animal est un destructeur de matière organique. Il en est autrement pour les végétaux : ceux-ci ne prennent pas dans la terre, ainsi qu'on l'avait cru, une partie de leur nourriture organique ; l'air seul leur fournit tout ce dont ils ont besoin, mais c'est par leurs racines qu'ils puisent les matières minérales et azotées qui forment, en quelque sorte, leur squelette. Or, ces matières leur sont fournies par les engrais chimiques aussi bien que par le fumier de ferme, et même à un état que les végétaux préfèrent. C'est ainsi que toutes les expériences, et notamment celles instituées au champ d'expériences de Vincennes, prouvent que le blé qui a reçu 60 kilos d'azote à l'hectare, soit à l'état de nitrate de soude, soit à l'état de sulfate d'ammoniaque, pourvu que le sol ait reçu une dose convenable d'éléments minéraux, rapporte facilement 30 hectolitres de blé à l'hectare ; au lieu que le blé, sur 40.000 kilos de fumier, arrive difficilement à ce rendement, même lorsqu'on emploie des fumiers bien faits et enterrés d'avance.

Il faut conclure de là que le fumier ne fournit pas aux végétaux la matière azotée en nature, à l'état où elle y est contenue; et des recherches subséquentes ont démontré que l'azote du fumier n'était absorbé qu'après avoir été transformé en nitrate. Il en est de même, et à plus forte raison, des éléments minéraux contenus dans le fumier, qui ne peuvent être absorbés qu'après la destruction de la gangue dans laquelle ils sont emprisonnés. Il n'en résulte pas que le fumier, suivant l'expresion de M. Ville, n'est que de l'engrais chimique de mauvaise qualité, mais qu'il ne peut être utilisé qu'après avoir été transformé en engrais chimique.

L'usage de l'engrais chimique, dans ses cultures expérimentales, conduit M. Ville à la notion des dominantes; notion utile, si l'on considère la distinction des plantes auxquelles on l'applique, mais très contestable si l'on considère l'application qu'on en a faite par la suite. M. Ville appela dominante l'élément spécial à chaque plante, qui a la plus grande influence sur la végétation. Ainsi la dominante du blé et des céréales est l'azote; l'azote est encore, d'après M. Ville, la dominante de la betterave, du colza et des plantes oléagineuses. La potasse est la dominante de la vigne, de la pomme de terre, du trèfle et de la luzerne; le phosphate est la dominante des autres légumineuses. Malheureusement, tout n'est pas également fondé dans ces conséquences, que l'esprit méthodique de M. Ville a tirées trop vite. Il est vrai que l'azote influe très spécialement sur la végétation du blé; et qu'en donnant de l'azote au blé dans des terres même pauvres, on obtient, la plupart du temps, une bonne récolte parce que les terres contiennent toujours une assez grande quantité des autres éléments, dont le blé fait une consommation relativement minime. Il en est de même pour les céréales. On a cependant cité des terres, et notamment de vieilles prairies défrichées, pour lesquelles un apport d'azote n'exerçait aucune influence sur la végétation des céréales, parce que l'un des éléments minéraux y manquait. C'est sans doute ce fait qui a amené M. Ville à remarquer, que la théorie des dominantes n'est féconde qu'autant que le sol contient une suffisante quantité des autres éléments. Même, avec cette restriction, la théorie était contredite par bien des faits. La végétation de la betterave, par exemple, est activée par un apport d'azote; avec 80 kilos d'azote, on obtient facilement 40.000 kilos de racines; avec 120 kilos, dans les terres bien entretenues, on en obtient 60.000 kilos. Mais il ne suffit pas ici de donner de l'azote, il faut en même temps donner de la potasse; et M. Ville note que l'augmentation de la potasse produit une augmentation de récolte, tout comme l'augmentation d'azote. En poussant un peu plus loin ses expériences, il aurait peut-être trouvé que l'augmentation de phosphate produit aussi une augmentation de récolte ; dans tous les cas, le phosphate augmente certainement la teneur en sucre dans la récolte. M. Ville en concluait que la betterave a deux dominantes, dont l'une domine sans doute un peu moins que l'autre.

La dominante du colza est, d'après M. Ville, l'azote ; cependant, l'on peut augmenter la récolte en augmentant la quantité de potasse et celle de phosphate ; et lorsque, dans trois expériences différentes, on augmente l'azote, le phosphate et la potasse de quantités proportionnelles, les récoltes que l'on obtient sont à peu près les mêmes : il en résulterait, d'après les théories de M. Ville, que le colza a trois dominantes, c'est-à-dire que tous les éléments y sont dominants. En voilà assez pour bien établir que la théorie des dominantes n'a pas un fondement bien certain ; et qu'en supposant même qu'elle eût été déduite rigoureusement des faits, il faudrait en réduire l'application aux terres du champ d'expériences de Vincennes, et aux terres analogues à trouver. Un seul fait a pu faire croire à M. Ville que cette théorie avait un fondement sérieux : c'est qu'il y a réellement des plantes qui n'ont pas besoin d'un apport d'azote, parce qu'elles prennent l'azote dans l'air ; le trèfle et la luzerne appartiennent à cette catégorie. La pomme de terre n'emprunte presque rien au stock du sol ; toutes les autres plantes en prennent plus ou moins ; cependant il n'y en a pas qui en consomment relativement autant que les céréales, le blé surtout. Mais il en est autrement des éléments minéraux : ceux-ci ne sont fournis à la plante que par le sol ; plus la récolte est considérable, plus elle en enlève, bien qu'une petite récolte en enlève relativement plus qu'une grosse. Aussi, ce qu'il importe de connaître, dans l'emploi des engrais chimiques, ce n'est pas la dominante, mais bien les besoins des plantes, les ressources du sol, et la quantité d'éléments utiles contenus dans l'engrais employé. Ce sont ces divers points que M. Joulie a très sagement étudiés dans son livre sur l'achat et l'emploi des engrais chimiques ; concluant qu'il faut donner aux plantes tous les éléments minéraux dont elles ont besoin, à moins que le sol n'en contienne une réserve suffisante qu'il fixe à 3.000 kilos d'acide phosphorique et 10.000 kilos de potasse ; et ajoutant que les engrais chimiques, qui permettent de varier les quantités des éléments fournis au sol, sont à la fois les plus commodes, les plus actifs et les plus économiques.

S'ensuit-il que la culture, avec les engrais chimiques seuls, soit possible et capable de donner un résultat, c'est-à-dire du bénéfice ? Cela n'a point paru douteux à M. Ville, qui a entrepris de le démontrer. Il est vrai, et M. Ville le reconnaît avec une franchise à coup sûr très méritoire, il est vrai que le résultat n'a pas été celui qu'il attendait ; et il n'en conclut rien, avec raison je crois, contre l'emploi des engrais chimiques, car il n'a aucune prétention d'être un cultivateur praticien, et la terre est un laboratoire qui a besoin aussi d'être tenu en ordre, c'est-à-dire propre. Ce n'est pas tout : la facilité que l'on a, avec l'engrais chimique, de varier les cultures a fait croire, à quelques savants, qu'avec lui on pouvait se dispenser de suivre un assolement rationnel, ou même quelconque. Il est vrai que l'engrais chimique permet, pourvu que la terre soit propre, de faire pousser n'importe quelle récolte ; il est vrai aussi qu'aucun fait n'est venu démontrer que la terre ait absolument besoin de fumier, bien que cela soit généralement contesté par les cultivateurs ; mais il est certain, qu'avec l'engrais chimique comme avec le fumier, il y a des rotations qui sont économiques et d'autres qui ne le sont pas.

Il est facile de s'en rendre compte à priori. L'azote dans les engrais chimiques coûte aujourd'hui 2 fr. le kilo ; l'acide phosphorique coûte 80 cent. dans les superphosphates, et 30 cent., ou même un peu moins, dans les phosphates fossiles ; la potasse coûte moins de 50 cent. dans le chlorure de potassium. Il est donc évident que l'on a intérêt, au point de vue de la dépense d'engrais, à produire des récoltes qui ne consomment pas d'azote, quelle que soit la quantité d'engrais minéraux qu'elles consomment, et l'intérêt est encore plus considérable si, comme cela est positif, ces récoltes, qui n'exigent presque point de frais de culture, rapportent à peu près autant en argent que celles qui consomment beaucoup d'engrais azotés.

Ainsi, un trèfle donnant 7.000 kilos de fourrage à l'hectare, ce qui n'est qu'ordinaire, rapporte, au prix de 60 fr. les 1.000 kilos, 420 fr. et consomme, d'après les tables de Wolf, 120 kilos de potasse et 35 kilos d'acide phosphorique. En supposant qu'on lui donne par l'engrais chimique tous les éléments minéraux dont il a besoin, il faudrait dépenser 80 fr. Or, pour obtenir à l'hectare une récolte de 16 quintaux de blé et 4.000 kilos de paille valant, aujourd'hui, à peu près 420 fr., il faudrait donner à la terre 40 kilos d'azote valant 80 fr. et 40 fr. de potasse et d'acide phosphorique, c'est-à-dire 120 fr. d'engrais, c'est-à-dire, si on donnait à la terre tout ce qu'il lui enlève. Ainsi, en tenant compte des frais de culture et du battage, la récolte de blé coûte en réalité, à produire, près de 100 fr. de plus que la récolte de trèfle, et la différence doit être double si on considère que l'on obtiendrait certainement, après le trèfle, avec un peu de superphosphate, une récolte de blé au moins égale à celle qui est obtenue avec l'engrais chimique complet. Il en résulte évidemment que la culture du blé seul, avec l'engrais chimique, ne serait pas lucrative si l'on admet, ce qui est certain, que les récoltes maxima de trèfle et de blé peuvent toujours atteindre la même valeur, et l'on a le droit de conclure qu'il faut suivre un assolement qui exige le moins possible d'engrais azoté, d'autant plus que les plantes les moins exigeantes en azote sont généralement celles qui exigent le moins de culture. Je conclus qu'en important du nitrate de soude, engrais très efficace assurément, mais aussi assez cher, nous payons au Chili un impôt qu'une culture bien entendue pourrait peut-être nous éviter, les sources françaises d'azote devant évidemment suffire à la consommation intérieure.

Mais laissons cette considération très désolante et, après avoir reconnu que la culture, à l'aide de l'engrais chimique, est possible, mais qu'elle n'exclut pas le moins du monde l'usage d'un assolement, examinons si, toutes choses égales d'ailleurs, elle est aussi économique que la culture avec le fumier de ferme.

Il suffit pour cela de fixer la valeur réelle du fumier de ferme et de voir si elle est inférieure ou supérieure à ce qu'il coûte à produire. Or, d'après les tables de Wolf, le fumier contient en moyenne :

> Azote 5 pour 1.000 dont 3 °/₀ au plus utilisables.
> Acide phosphorique........... 3 k. 2 pour 1.000.
> Potasse...................... 6 k. 8 pour 1.000.

L'azote, supposé réduit à 3 kilos pour 1.000 kilos, est entièrement et successivement utilisable et doit être estimé à la valeur qu'il a dans les engrais chimiques, soit 2 fr. le kilo, ci......................... 6 fr.

L'acide phosphorique est insoluble et n'a pas évidemment beaucoup plus de valeur que dans les phosphates fossiles, soit 30 cent. le kilo, ci.. 1 fr.

Enfin, la potasse devient rapidement soluble, elle a certainement la même valeur que le chlorure de potassium, soit environ 45 cent. le kilo, ci .... 3 fr.

La valeur du fumier bien fait n'est donc pas supérieure à 10 fr. par 1.000 kilos ; mais il faut tenir compte du transport et de l'épandage de l'engrais chimique et du fumier. Or les éléments contenus dans 20.000 kilos de fumier peuvent être fournis à la terre par moins de 1.000 kilos d'engrais chimique, dont le transport jusqu'à la ferme et l'épandage coûteraient, dans la moyenne des exploitations de France, 20 fr. Le transport de 20.000 kilos de fumier de la cour et l'épandage coûtent certainement 10 fr. de plus, mais comme ce travail se fait la plupart du temps aux époques peu pressées, il est raisonnable de ne pas l'estimer plus de 20 fr. ; et il en résulte que la valeur réelle du fumier de ferme, bien fait, est de 10 fr. les 1.000 kilos. S'il ne coûtait pas davantage à produire à la ferme, il semble probable que l'emploi du fumier et des engrais chimiques donneraient à peu près le même résultat. Mais il est très difficile de fixer ce point, et c'est l'éternelle discussion des agronomes de savoir si le bétail est un mal ou un bien ; c'est-à-dire si, en estimant les pailles et les fourrages au prix qu'on peut les vendre, en tenant compte des soins et de l'intérêt du capital engagé et de la valeur du fumier fixée dès lors à 10 fr., le bétail est susceptible de donner du bénéfice ou s'il ne donne que de la perte : question très complexe dont la solution varie chaque année dans une même exploitation, bien qu'il ne soit pas téméraire d'affirmer que, dans les 9/10 des exploitations françaises, et peut-être dans toutes, le bétail donne de la perte, de sorte qu'il y aurait avantage à vendre le fourrage et les pailles et de cultiver, à l'aide de l'engrais chimique, si la chose était possible partout. Mais il n'y a qu'une zone privilégiée autour des grandes villes où cela soit possible, et dans cette zone même, les produits animaux atteignent une valeur beaucoup plus élevée, de sorte que les spéculations du bétail peuvent alors donner du bénéfice.

Ainsi la culture, à l'aide des engrais chimiques seuls, est possible, rationnelle et même économique, à condition que l'on produise des fourrages pour vendre. Il est vrai qu'elle sera forcément restreinte à une minime partie sur le territoire, le reste étant obligé de produire du bétail ; cependant il n'en est pas moins vrai qu'elle n'a plus aujourd'hui un intérêt académique, mais un intérêt vraiment pratique et qu'elle mérite d'être étudiée comme système.

L'agriculteur, qui veut employer cette méthode, doit étudier avec soin les trois points suivants : les besoins des plantes, les ressources de la terre, et enfin les engrais eux-mêmes.

Les besoins des plantes sont aujourd'hui connus. On sait ce qu'enlèvent à la terre, en matières minérales, les récoltes de chaque espèce ; il est vrai que, parmi les analyses différentes que l'on a de chaque plante, on ne sait pas quelle est celle qui en donne la composition normale. On a commencé aujourd'hui l'étude de ce point important, et l'expérience a montré, qu'entre deux plantes de même espèce, l'une, arrivée à son développement maximum, l'autre, au contraire, végétant misérablement, il y a des écarts de composition considérables. M. Joulie a fait un grand nombre d'analyses de blés à grands rendements, ayant atteint de 37 à 45 hectolitres à l'hectare, et ces analyses ont montré que deux tiges entières de blé de même race ne varient de poids et de composition que dans des limites assez étroites, que les variations sont beaucoup plus considérables pour deux tiges de race différente. Enfin, M. Joulie conclut de sept analyses, que l'on peut assigner au blé les exigences suivantes pour un rendement de 40 hectolitres :

Azote.	Acide phosphorique.	Potasse.
92 kilos,	37 kilos,	116 kilos.

Il est vrai que, si l'azote et l'acide phosphorique augmentent généralement dans le grain de la floraison à la maturité jusqu'à arriver aux chiffres précités, il en est tout autrement de la potasse qui diminue de 116 kilos à 41,7 ; mais il est clair qu'il faut donner à la plante au moins ce qu'elle contient de potasse à l'époque où elle en contient le plus.

Les exigences des autres récoltes n'ont pas été encore étudiées avec autant de soin que celles du blé ; cependant M. Joulie a trouvé qu'une récolte de 10.000 kilos de fourrage, composé seulement de graminées, contient :

	Azote.	Acide phosphorique.	Potasse.
	113,7	47,7	190,7

c'est-à-dire, plus qu'une très forte récolte de blé. Il a opéré sur des plantes bien développées, prises dans les cultures de MM. de Vilmorin à Verrières.

Les exigences des légumieuses sont encore plus considérables. C'est ainsi que le trèfle, pour une récolte de 10.000 kilos, contient :

	Azote.	Chaux.	Potasse.	Acide phosphorique.
Trèfle Vilmorin.	196,8	196,5	375,7	72,4
Trèfle grande culture.	230	274,8	122,4	52,5

Le trèfle Vilmorin pesait, par plante, quatre fois plus que le trèfle de grande culture ; mais celui-ci est plus riche en azote, c'est-à-dire, sans doute, plus tendre et plus nourrissant. Il n'y a donc pas intérêt ici à donner à la terre un trop grand excès de potasse nécessaire pour que la plante arrive à son développement normal, et il est très probable qu'une terre capable de céder à la plante 200 kilos de potasse la nourrirait très convenablement, de manière à donner un produit de 10.000 kilos à l'hectare ; on obtiendrait ainsi la quantité et la qualité.

Au reste, les récoltes de fourrages n'étant pas exposées aux mêmes accidents que les récoltes de céréales, il n'est pas nécessaire de donner à la terre les engrais, en proportion aussi bien définie. Il n'en est pas de même pour la betterave à sucre, dont la culture exige un ensemble de précautions tel, que l'omission de l'une d'elles entraîne une diminution notable de la production du sucre.

La betterave à sucre exige surtout des engrais en proportion définie. D'après M. Joulie, la betterave à sucre, pour une récolte de 40.000 kilos de racines, exige 60 kilos d'azote, 25 kilos d'acide phosphorique, et 60 à 80 kilos de potasse ; mais il est certain que, si l'excès d'acide phosphorique ne nuit pas à la régularité de la végétation, l'excès d'azote et de potasse nuisent considérablement à la production du sucre. De plus, les matières azotées ne doivent être employées que sous une forme soluble, et toutes les expériences démontrent que l'azote organique n'est pas du tout favorable à la production du sucre. Si la saison est trop sèche, son action est à peu près nulle ; si elle est trop humide, la végétation est exubérante : il ne se produit pas de sucre.

La betterave fourragère et le maïs sont beaucoup moins exigeants sur la qualité de l'engrais : ils peuvent en général se passer d'acide phosphorique ; mais ils absorbent beaucoup d'azote et de potasse, au lieu que le colza exige pour mûrir convenablement une proportion mieux définie de chacun des éléments, moins cependant que la betterave à sucre et le blé parce que la verse n'est pas à craindre. Mais le colza a été peu étudié au point de vue de ses exigences chimiques. Il est probable qu'elles sont sensiblement supérieures à celles qu'indiquent les tables de Wolf, au moins pour l'azote et la potasse.

Les chiffres de 96 kil. d'azote et surtout de 43 kil. de potasse pour une récolte de 40 hectolitres à l'hectare paraissent faibles, car M. Ville enseigne que cette production exige 70 kil. d'azote assimilable seulement, et il est certain que le colza prend à l'air une grande partie de l'azote qu'il consomme. Du reste M. Ville lui-même a analysé le colza récolté au champ d'expériences de Vincennes et a trouvé dans 40 hectolitres plus de 200 kil. d'azote. La quantité de potasse indiquée par les tables de Wolf est encore plus faible ; les expériences de M. Ville ont prouvé que la potasse a presque autant d'influence sur le colza que l'azote ; et certainement elle n'aurait pas cette influence si la plante n'en contenait que ce que les terres ordinaires peuvent lui céder en un an, c'est-à-dire à peu près autant que le blé en contient à maturité. Je pense donc qu'une récolte de 40 hectolitres de colza contient au moins :

Azote.	Acide phosphorique.	Potasse.
140	50	120

et il est probable qu'à la floraison la quantité de potasse s'élève au moins à 150 kilos.

On voit par cet aperçu que les plantes contiendraient des quantités variables des divers éléments, mais que la proportion de ces éléments est à peu près constante puisque la potasse et l'azote y atteignent des poids à peu près égaux et que l'acide phosphorique varie de 1/3 à 1/4 des deux autres éléments. Le même engrais chimique conviendrait donc pour toutes les plantes indistinctement si elles se nourrissaient toutes de la même manière ; mais il y en a qui n'ont pas besoin d'azote parce qu'elles prennent dans l'air la plus grande partie de cet élément ou même tout. Quelques autres pénètrent profondément dans la terre et prennent dans le sous-sol une grande partie de leur nourriture, de sorte que l'application des engrais chimiques aux différents assolements n'est pas une étude inutile ni sans importance.

Quant aux besoins du sol ils dépendent un peu de sa composition chimique mais surtout de l'assimilabilité des éléments qu'il contient, de sorte que la végétation nous renseigne beaucoup mieux que l'analyse chimique elle-même, d'autant que le sol d'un domaine n'est pas généralement homogène. L'analyse du sol par la végétation n'est pas, il est vrai, une chose aussi facile qu'on pourrait le croire, parce que beaucoup de sols sont suffisamment pourvus des éléments nécessaires pour obtenir des récoltes moyennes, et ce n'est qu'à la longue que l'on peut reconnaître leur point faible.

On a proposé, pour y arriver, d'abord la création de champs d'expériences. M. Joulie conseille d'y employer des engrais analyseurs (1). Mais il y a des domaines où l'on trouve des sols de quatre ou cinq genres différents et plus, si l'on tient compte du sous-sol et de l'entretien plus soigné des terres voisines du centre de l'exploitation, sans compter les difficultés, les soins, la dépense et la science que comportent cette création et l'interprétation de ses données. Ici la création d'un seul champ d'expériences ne donnerait probablement pas de résultat ; ce serait donc une faute de négliger les autres indices fournis par la végétation, aussi bien la végétation des plantes qui croissent spontanément que de celles qui sont cultivées. Les premières fournissent des indications générales assez peu précises, car s'il est vrai que les plantes adventices ne réussissent que sur les terres qui leur conviennent, il faut ajouter que des terres assez différentes conviennent aux mêmes plantes, et qu'ici les qualités physiques du sol interviennent autant que la composition chimique. Mais en comparant la végétation adventice sur différents sols de composition connue, on peut en conclure, pour parler le langage de M. Ville, la dominante des plantes adventices les plus usuelles.

Ainsi la sanve ne réussit que sur les terres suffisamment calcaires pour n'être jamais acides ; elle prospère aussi bien dans les sables des environs de Dunkerque que dans les terres humides de la Brie parce que ces terres sont marnées. Au contraire, la moutarde blanche, l'oseille, la queue-de-renard sont des plantes de terres acides.

Le chardon, la chicorée et le pas-d'âne réussissent dans les terres à sous-sol calcaire ; l'yèble se plaît dans les terres à sous-sol argileux ou imperméable.

Les mousses prennent possession des sols pauvres en acide phosphorique et suffisamment riches en azote ; elles détruisent peu à peu les vieilles prairies. Les légumineuses ne réussissent que dans les terres riches en potasse ; mais il n'y a là que des indices.

Plus importantes à coup sûr sont les indications fournies par les plantes cultivées, car elles sont beaucoup plus précises. Si les légumineuses réussissent sur une terre où les céréales donnent des produits médiocres en paille et en grain, on peut en conclure d'une manière certaine que la terre manque d'azote. Or il n'y a aucune exagération, ainsi que je l'ai exposé plus haut, à affirmer que cela arrive sur les 3/4 de celles des terres de France qui conviennent au blé et aux légumineuses, de sorte que l'on pourrait, en employant des semences convenables et des engrais azotés, obtenir sur toutes des récoltes de plus de 20 hectolitres.

Les terres absolument stériles sont celles qui manquent d'acide

____

(1) *Guide pour l'achat des engrais chimiques.*

phosphorique. M. Joulie a trouvé à la suite d'un grand nombre d'analyses que les terres qui ne contiennent pas plus de 3.000 kil. d'acide phosphorique à l'hectare ont besoin d'en recevoir pour produire de grandes récoltes de blé ; mais il n'y a pas besoin qu'une terre en contienne autant pour produire 20 hectolitres de blé à l'hectare. Cependant dans les terres où cette plante est sujette à des accidents, aux ravages des insectes ou de l'hiver, à la verse et surtout à l'échaudage, on peut conclure qu'un apport d'acide phosphorique rapidement assimilable est nécessaire ; c'est le cas des terres sableuses.

Les terres qui ne contiennent pas assez de potasse ne conviennent pas aux légumineuses, particulièrement au trèfle et aux vesces ; mais elles peuvent parfaitement bien convenir au sainfoin et à la luzerne qui sont des plantes à racines profondes prenant leur nourriture dans le sous-sol. Or il arrive que si le sol est pauvre en potasse, cela tient souvent à ce qu'il est trop léger ou trop perméable, et que la potasse qui est très soluble est entraînée dans le sous-sol qu'elle enrichit.

Les terres trop pauvres en potasse ne conviennent pas à la végétation des céréales. Le blé y pousse bien avant l'hiver parce que la plante trouve toujours à sa portée, à cause de l'humidité de la saison, la quantité de potasse qui lui est nécessaire ; mais lorsque vient la sécheresse, à l'époque où la plante devrait pousser vigoureusement, elle ne trouve plus ce qu'il lui en faudrait, elle s'étiole et ne produit qu'un misérable épi. Les analyses de M. Joulie ont en effet prouvé que le blé rend au sol, de la floraison à la maturité, le 1/4 environ de la potasse qu'il lui a enlevée. Si l'on admet que dans le reste de la végétation la quantité de potasse absorbée est proportionnelle au poids de la plante, on voit que c'est en mai qu'elle en absorbera le plus ; elle en absorbera moitié de ce qu'elle contient au moment où elle en contient le plus, au lieu que pendant la même période la plante absorbe beaucoup moins d'azote. Aussi, lorsqu'en mai un blé vigoureux jaunit, c'est qu'il manque d'azote ou de potasse ; mais s'il s'étiole complètement, c'est qu'il manque certainement de potasse.

Or ce résultat indiqué par la théorie a été vérifié par M. Joulie au moyen de l'analyse chimique, et cette méthode qu'il a indiquée est à la fois la plus simple et la plus parfaite pour connaître sûrement les éléments assimilables qui manquent au sol. On ne connaît pas, il est vrai, la composition théorique des plantes et notamment du blé, mais il y a en général sur une terre où il végète mal des portions peu étendues où il réussit ; il suffit d'échantillonner les plantes faibles et les plantes vigoureuses et de les analyser ; leur composition comparée indique sûrement les éléments qui manquent au sol.

C'est ainsi que deux plants de blé analysés par M. Joulie, arrachés le 30 mai dans la même pièce, donnaient les résultats suivants :

	Blé fort.		Blé faible.	
Poids de la tige sèche....	1 g.	770	0 g.	470
Azote pour 1.000 kil. secs.	27 k.	280	30	900
Acide phosphorique. id.	5	130	9	420
Potasse..................	11	475	5	400
Chaux....................	6	400	11	100

On remarquera que la somme de la potasse et de la chaux est à peu près la même dans les deux plantes, mais que la dernière est très pauvre en potasse. C'est évidemment le manque de potasse qui a empêché son développement.

L'étude des engrais chimiques eux-mêmes a été magistralement faite par M. Joulie, et je n'y reviens que pour faire mieux comprendre leur adaptation aux différents assolements que j'ai étudiés plus haut.

Les engrais chimiques nous fournissent l'azote sous forme de nitrate de soude ou de sulfate d'ammoniaque.

Le premier, directement absorbable par les plantes, convient à tous les sols ; mais, comme il est très soluble, il demande à leur être fourni au fur et à mesure de leurs besoins. Il n'est pas nécessaire de l'enterrer par un labour, et cette méthode, qui est acceptable pour la betterave, serait très mauvaise pour le blé et pour le colza, plantes qui végètent après l'hiver. Il contient environ 16 % d'azote.

Le sulfate d'ammoniaque se transforme en nitrate avant d'être absorbé par les plantes, et pour cette raison on ne doit pas l'employer dans les terres légères, parce qu'il serait entraîné dans le sous-sol avant d'avoir pu être utilisé ; mais il convient, au contraire, dans les terres fortes. Il contient environ 21 % d'azote.

L'acide phosphorique peut être donné aujourd'hui au sol sous quatre formes différentes :

1° A l'état de superphosphate ou de phosphate acide de chaux. Les superphosphates que l'industrie nous livre sont des produits complexes obtenus par le traitement des phosphates fossiles en poudre par l'acide sulfurique. Suivant que l'opération est bien ou mal conduite, le produit obtenu est très inégal, et la quantité de phosphate tribasique de chaux transformée en phosphate acide, c'est-à-dire soluble dans l'eau, est plus ou moins considérable. On comprend donc qu'il y a une grande inégalité dans les superphosphates, beaucoup plus grande que dans les nitrates et sulfates d'ammoniaque, lesquels, étant des sels presque purs, puisqu'ils sont cristallisés, contiennent une quantité à peu près fixe d'azote. Les superphosphates contiennent, au contraire, une quantité variable d'acide phosphorique total, qui dépend de la richesse des phosphates fossiles employés à leur fabrication ; mais la quantité d'acide phosphorique rendue soluble dans l'eau est encore plus variable, de sorte qu'il est très important de pouvoir la connaître exactement, puisque c'est d'elle surtout que dépend la valeur agricole de l'engrais, c'est-à-dire sa valeur vénale. Les chimistes sont aujourd'hui d'accord pour doser l'acide phosphorique soluble par le citrate d'ammoniaque alcalin à froid ; mais cette méthode donne aussi bien l'acide phosphorique soluble que celui qui l'a été, et qui a, comme on dit, rétrogradé, c'est-à-dire cessé d'être soluble depuis la fabrication de l'engrais. Or, il est raisonnable d'admettre que cet acide phosphorique, qui a été un moment donné assimilable, puisqu'il était soluble, est resté assimilable malgré sa transformation ; et l'expérience prouve, en effet, que l'action des superphosphates de fabrication ancienne est aussi énergique que celle des superphosphates de récente fabrication. Il convient donc de n'acheter les superphosphates que d'après leur titre en acide phosphorique soluble à froid dans une solution concentrée de citrate d'ammoniaque.

Au surplus, cette solubilité n'est pas la même que celle des nitrates. Les superphosphates ne sont solubles que dans une grande quantité d'eau. La présence des autres agents du sol aide à leur dissolution. Mais, dans les circonstances les plus favorables, cette dissolution est très lente, de sorte que ces engrais ne doivent jamais être employés en couverture, mais, au contraire, toujours enterrés avant la semaille.

2° Les phosphates précipités sont des phosphates bibasiques de chaux à peu près purs. Ils résultent du traitement des phosphates fossiles ou des produits d'os par l'acide chlorhydrique. La liqueur obtenue est traitée par un lait de chaux, et le produit que l'on obtient est un précipité chimique d'une ténuité extrême, qui n'est pas, il est vrai, soluble dans l'eau, mais qui exerce sur la végétation, surtout dans les terres fortes, à peu près le même effet que les superphosphates ; de sorte que la valeur agricole de l'acide phosphorique qu'il contient est à peu près la même que celle de l'acide phosphorique soluble dans le citrate d'ammoniaque des superphosphates. Or, il arrive précisément que l'acide des phosphates précipités est entièrement soluble dans le même réactif, qui peut être ainsi utilisé pour fixer la valeur vénale des phosphates précipités aussi bien que des superphosphates.

3° Les os étaient autrefois la seule source connue d'acide phosphorique. On les employait comme noir animal, os dégélatinés et réduits en poudre, cendres d'os. Il y a une vingtaine d'années, la découverte des gisements de phosphates dans les Ardennes et le Lot vint transformer complètement l'industrie des engrais phosphatés, ou même la créer.

Les os sont formés d'un mélange de phosphate et de carbonate de chaux. Lorsqu'ils sont dégélatinés, c'est-à-dire dépouillés de leur ciment organique, leur texture poreuse permet de les réduire facilement en poudre très fine et très facilement attaquable par les agents chimiques des sols. Les noirs sont moins facilement attaquables, et les cendres d'os moins encore, à cause de la forte calcination qu'elles ont subies. L'expérience agricole prouve, en effet, que c'est dans cet ordre qu'i faut classer les produits d'os non transformés en superphosphates pour leur action sur la végétation.

Les phosphates fossiles qui ne contiennent pas en général de matière organique sont plus compacts et plus difficiles à pulvériser que les os dégélatinés ; ils agissent aussi beaucoup moins sur la végétation, quoiqu'ils contiennent l'acide phosphorique au même état de phosphate tribasique de chaux. Ce n'est donc pas à cause de l'état chimique de l'acide phosphorique que ces phosphates sont moins actifs, mais à cause de leur état physique même. Le ciment qui agglutine les particules de phosphate est un ciment argileux, siliceux ou calcaire, interposé mécaniquement par une pression extérieure. Il est à peu près inattaquable par les agents chimiques du sol, et il ne pénètre pas le phosphate aussi intimement que le ciment organique et calcaire de l'os. Ici, en effet, le ciment est mélangé au phosphate par la force vitale ; ils se pénètrent intimement l'un l'autre, de sorte que l'enlèvement d'une partie rend le corps absolument pénétrable à tous les agents chimiques.

Il y a, du reste, de grandes différences dans l'assimilabilité des phosphates fossiles. On a trouvé, en s'appuyant sur les faits que la culture nous livre, que l'oxalate d'ammoniaque dissout une quantité de phosphate d'autant plus grande, dans les différents phosphates fossiles, que ces phosphates sont plus assimilables ; de sorte que, si la quantité de phosphate dissoute par l'oxalate ne peut indiquer l'assimilabilité absolue qui dépend avant tout du sol, elle indique assez exactement l'assimilabilité relative pour nous renseigner sur la valeur agricole réelle des différents phosphates fossiles.

4° On connaît aujourd'hui un résidu industriel pulvérulent contenant de 8 à 16 % d'acide phosphorique, qui encombre les usines qui sont prêtes à le céder à la culture à très bas prix pour se débarrasser : c'est la scorie qui provient de la déphosphoration de la fonte dans le convertisseur Bessemer. A l'aide d'une garniture basique, on est parvenu à enlever à la fonte, en la transformant en acier dans l'appareil Bessemer, la plus grande partie du phosphore qu'elle contient. Et cette source est loin d'être sans importance, puisque la production des scories Thomas est estimée aujourd'hui à 200.000 tonnes en Allemagne, et qu'elle n'est sans doute pas de beaucoup inférieure en France.

Les scories Thomas contiennent, outre l'acide phosphorique, 50 % de chaux, 20 % de magnésie et 5 % d'oxyde de fer ; le reste est de la silice : c'est dire qu'elles contiennent un grand excès de chaux et de magnésie libres. Aussi tombent-elles d'elles-mêmes en poussière, après leur refroidissement, sous l'unique action de l'air qui transforme la chaux vive en hydrate et en carbonate de chaux, avec augmentation de volume. Ainsi, tandis que les phosphates fossiles ne peuvent être

réduits en poudre que par une action mécanique plus ou moins énergique, la scorie Thomas se pulvérise d'elle-même, et cette action se
continuerait indéfiniment tant qu'il resterait de la chaux libre. Il est
certain que la même action se continue dans le sol, car les scories en
poudre livrées par les usines métallurgiques contiennent toujours
encore de la chaux libre. Or, cette pulvérisation spontanée, et pour
ainsi dire, cette diffusion spontanée et indéfinie de phosphate est une
condition très favorable à son absorption par les plantes; de telle sorte
que l'on doit admettre que les scories Thomas sont de tous les engrais
qui contiennent l'acide phosphorique à l'état de phosphate tribasique
les plus absorbables et les plus assimilables. La chose paraîtra encore
plus probable si l'on songe que ces résidus contiennent de l'oxyde de
fer et du soufre, deux éléments qui jouent un rôle considérable dans
les oxydations et les réductions qui aident à la diffusion du phosphate
et à son absorption par les plantes.

Au surplus, les essais chimiques et culturaux faits en Allemagne,
bien que les résultats en soient rapportés d'une manière un peu con-
fuse, paraissent avoir prouvé que ces résidus sont très supérieurs aux
phosphates fossiles, et que leur action, surtout dans les terres un peu
acides, n'est pas inférieure à celle des superphosphates.

Emploi des phosphates. — Les phosphates sont surtout employés à
l'état de superphosphates. Il n'y a pas bien longtemps que l'on a commencé à employer directement les phosphates fossiles; enfin, récem-
ment, M. Grandeau a soutenu que le traitement par l'acide sulfurique
était inutile, et que l'action des phosphates fossiles est aussi certaine
et aussi efficace que celle des superphosphates; M. Grandeau, qui a
opéré dans des terres argileuses, a sans doute trop généralisé. Quoi
qu'il en soit aujourd'hui, les uns soutiennent, avec M. Grandeau, que
les phosphates fossiles sont absolument assimilables; les autres, au
contraire, qu'il n'y a d'assimilables que les phosphates solubles dans
l'eau, rejetant ainsi les superphosphates de vieille fabrication qui contiennent toujours des phosphates rétrogradés. D'autres, enfin, et ce
sont sans doute les plus sensés, et, à coup sûr, ils sont parmi les plus
compétents, soutiennent qu'il faut tenir grand compte de l'état du sol
et de l'état physique et moléculaire des phosphates; mais que l'état
chimique est loin d'être sans importance, et que l'acide phosphorique,
qui a été soluble, même quand il serait devenu insoluble par une action
inverse, est plus facilement attaqué par les agents du sol; ils recom-
mandent, du reste, la dissémination physique comme aide indispensable
de la dissémination chimique produite par l'action de l'acide sulfurique;
et cette dissémination exige que le phosphate, quel qu'il soit, soit enterré à la charrue. Les phosphates fossiles peuvent, sans inconvénient,
être donnés longtemps à l'avance; au lieu qu'il vaut mieux n'employer
les superphosphates qu'au moment des semailles, parce qu'ils subissent

dans la terre, au moins à la surface, une transformation qui les rend insolubles : le phosphate acide de chaux, en présence des sels de peroxyde de fer, devient du phosphate de peroxyde de fer complètement insoluble ; mais à l'intérieur du sol, dans l'atmosphère réductrice qui existe toujours, produite par la décomposition des matières organiques, les sels de peroxyde de fer et les sulfates se réduisent, et le phosphate de protoxyde de fer ainsi formé est soluble dans les liquides toujours acides du sol. Il résulte encore de là que, dans la culture avec les engrais chimiques seuls, où les actions réductrices sont moins énergiques que dans la culture avec le fumier, les superphosphates donneront sans doute des résultats supérieurs.

La potasse est fournie à la culture sous forme de carbonate, de nitrate, de sulfate et de chlorure. Les carbonates sont les plus assimilables des sels de potasse ; mais ils sont cher et contiennent beaucoup d'impuretés qui ne permettent pas d'en régler méthodiquement l'emploi.

Le nitrate de potasse fournit à la fois de l'azote et de la potasse. C'est encore un engrais facilement décomposable, grâce aux actions réductrices qui se passent toujours dans les végétaux, mais il est aussi très cher.

Le sulfate et le chlorure sont des engrais difficiles à décomposer parce que la potasse y est unie à des acides énergiques ; aussi, bien qu'ils soient très solubles, il est convenable de les employer d'avance. Le sulfate est facilement réductible par les matières organiques du sol, et bien qu'il fournise la potasse à un prix plus élevé que le chlorure, il paraît devoir produire un effet plus énergique ; mais le chlorure est beaucoup plus abondant, il nous vient des salines de Stassfurth en Allemagne, et il est probable qu'on le rendrait aussi facilement décomposable que le sulfate en le mélangeant intimement à une quantité double de plâtre.

Avant l'introduction des engrais chimiques agricoles on employait depuis une trentaine d'années un engrais naturel, le guano, formé d'excréments d'oiseaux, qui constituait de puissants dépôts le long des côtes du Chili et du Pérou. Les principaux gisements sont aujourd'hui épuisés, et du reste cet engrais est remplacé avantageusement par le nitrate de soude et le superphosphate. Car, bien qu'il soit de composition assez variable, il ne contient presque pas de potasse, et bien que l'azote et le phosphate du guano soient un peu moins assimilables que dans les engrais chimiques parce qu'ils sont enfermés dans une gangue organique, il rendit cependant à la culture, surtout dans le nord de la France, des services signalés à une époque où l'on ne connaissait pas d'autres engrais. Les engrais industriels, tourteaux et résidus de toute espèce, vinrent ensuite, et avec eux la fraude eut beau jeu pour s'exercer ; les fraudeurs purent continuer à l'aise leur métier lucratif jusqu'à ce que l'analyse chimique fût venue mettre obstacle à leurs friponneries sans cependant les arrêter.

Les engrais industriels plus encore que les engrais chimiques ne doivent être achetés que sur analyse et en tenant compte que l'azote et le phosphate y ont moins de valeur que dans les premiers, 1/4 en moins dans les engrais bien faits, riches, parfaitement pulvérulents et fermentés ; moins encore dans les tourteaux ; dans la laine, le cuir et la corne ils valent zéro ou peu s'en faut.

Les plus cher des engrais chimiques ou autres sont les engrais azotés, et comme nous avons vu plus haut que les plantes prennent dans l'air au moins une partie de l'azote qu'elles consomment et que quelques-unes même y prennent tout en laissant la terre plus riche qu'elle ne l'était, on pourrait croire qu'il est possible au cultivateur de se dispenser d'importer des engrais azotés tout en ne fumant pas ses terres ; cependant aucun des assolements décrits plus haut ne le permet lorsqu'on n'enfouit pas d'engrais verts.

Le premier examiné, l'assolement de trois ans : betteraves, blé, avoine, consomme pour une récolte de :

Betteraves	40.000 kilos	Azote	80 kilos.
Blé	35 hectolitres	»	60 kilos.
Avoine	50 hectolitres	»	45 kilos.

Mais la betterave laisse par ses feuilles environ 35 à 40 kilos d'azote à l'état d'engrais vert ou de résidu que l'on ne peut guère utiliser autrement. La rotation exige donc l'apport de 145 kilos d'azote. Il faut donner en plus les 2 premières années 60 kilos d'acide phosphorique à l'état de superphosphate et au moins 250 kilos de potasse à la récolte de betteraves.

La rotation trèfle, blé, avoine exige 105 kilos d'azote ; mais comme le trèfle en laisse au moins 60 kilos, il suffit d'en donner 45 kilos. Mais il faut donner en plus 120 kilos d'acide phosphorique pendant la rotation et 250 kilos de potasse.

Enfin, si le trèfle est remplacé par la minette, 70 kilos d'azote suffisent pour la 2e récolte de céréales, en tenant compte des 35 kilos laissés par la minette ; et il faut donner à l'ensemble des récoltes au moins 150 kilos de potasse et 120 kilos d'acide phosphorique. Il résulte de là qu'avec la succession de récoltes généralement adoptée en Brie et dans laquelle les betteraves, le trèfle et la minette occupent successivement la terre, il faudrait donner en neuf ans par hectare 260 kilos d'azote, 360 d'acide phosphorique et 750 kilos de potasse, si toutes les récoltes étaient exportées. Avec la culture de la luzerne, surtout si la terre est bien munie de potasse, on peut diminuer cet élément.

On pourrait diminuer la quantité d'azote importée en diminuant la quantité de betteraves ou même en la supprimant complètement. Cette suppression serait sans inconvénient dans le voisinage des villes où les fourrages atteignent souvent des prix très élevés et peuvent produire à

1 hectare autant d'argent que les betteraves, sans compter qu'ils n'exigent point de culture, et que la main-d'œuvre et les transports sont moins coûteux que pour les betteraves. La rotation trèfle, blé, avoine ne pourrait sans doute pas se soutenir parce qu'elle ne permet pas de nettoyer convenablement la terre ; mais si l'on remplaçait tous les trois ans le trèfle par la minette, on aurait un assolement de six ans qui se soutiendrait parfaitement parce que la demi-jachère qui suit la minette permet de nettoyer la terre, et l'importation d'azote ne serait alors en six ans que de 115 kilos d'azote, soit 19 kilos en moyenne par an, au lieu de 29 kilos.

1re année : Avoine avec 200 kilos de nitrate, 200 kilos de chlorure de potassium et 200 kilos de plâtre, 1.000 kilos de scorie Thomas à 8 0/0 d'acide phosphorique.

2e année : Trèfle avec 300 kilos de chlorure de potassium et autant de plâtre.

3e année : Blé avec superphosphate à l'automne et 100 kilos de nitrate au printemps.

4e année : Avoine comme précédemment.

5e année : Minette avec 200 kilos de chlorure de potassium et plâtre.

6e année : Blé avec superphosphate à l'automne et 200 kilos de nitrate au printemps.

Si l'on voulait maintenir l'assolement de trois ans tel qu'il est pratiqué en Brie, il faudrait ajouter la rotation : betteraves, blé, avoine.

La terre destinée aux betteraves recevrait avant le dernier labour 40 kilos d'acide phosphorique à l'état de superphosphate, 400 kilos de chlorure de potassium mélangé de plâtre et 200 kilos de nitrate de soude. Le reste de l'azote serait donné à raison de 100 kilos en mélange avec la semence et 100 kilos avant chaque sarclage.

Le blé recevrait avant l'hiver autant d'acide phosphorique, et après l'hiver environ 150 kilos de nitrate de soude.

Enfin l'avoine recevrait à la semaille 300 kilos de nitrate de soude.

Dans l'assolement de quatre ans : betteraves, blé, trèfle et avoine, il faut donner à la betterave 80 kilos d'azote, au blé qui suit en tenant compte de l'azote fourni par les feuilles de betteraves 25 kilos ; mais l'avoine qui suit le trèfle ne consomme que 45 kilos d'azote sur les 80 au moins que l'éteule de trèfle a laissés. Il en résulte qu'il suffit d'en donner à la betterave 55 kilos, soit, pour les quatre ans, 80 kilos, c'est-à-dire 20 kilos par an. C'est une économie annuelle de 9 kilos par hectare, c'est-à-dire environ 20 fr.

D'autre part la consommation de potasse est de 350 kilos, soit environ 90 kilos par an et par hectare, contre 70 kilos en moyenne dans l'assolement de trois ans. La différence est de 18 kilos, soit 8 fr. à l'avantage de ce dernier.

Enfin la consommation d'acide phosphorique est à peu près la même,

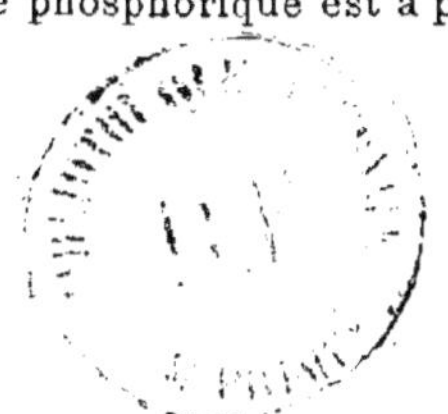

et s'il en faut un petit supplément on peut donner en plus quelques centaines de kilos de scorie Thomas. Il reste donc en définitive une différence de 12 fr. par hectare à l'avantage de l'assolement de quatre ans, soit annuellement 1.200 fr. sur une ferme de 100 hectares.

L'assolement même avec engrais chimique n'est pas libre, mais il est clair que ces deux assolements avec engrais chimique seul ne peuvent être pratiqués que dans le voisinage d'une grande ville où les pailles et les fourrages trouvent un écoulement très facile. Il est certain qu'outre l'économie d'engrais l'assolement de quatre ans présente aussi l'économie d'attelages et de main-d'œuvre, et que les produits, même en supposant des récoltes égales de céréales, y sont nécessairement plus abondants.

Dans le voisinage des fabriques de sucre, l'assolement biennal : betteraves, blé, sans être aussi avantageux qu'aucun des deux précédents, est plus facilement praticable avec ces engrais chimiques seuls parce qu'il ne reste guère à vendre que la paille récoltée sur le 1/4 des terres de la ferme et que les autres produits sont facilement vendables. Ici il faut employer régulièrement 80 kilos d'azote pour la récolte de betteraves et 25 pour celle du blé, et les phosphates insolubles doivent être exclus.

La dépense annuelle par hectare est donc de 52 kilos d'azote contre 20 et de 40 kilos d'acide phosphorique soluble contre 20, soit en plus :

$$
\begin{array}{lr}
\text{Azote} & \text{72 fr.} \\
\text{Pho}^5 & \text{18 fr.}
\end{array} \Big\} \; 90 \text{ fr.}
$$

ou en quatre ans 360 fr.

La dépense de culture et les frais généraux doivent être augmentés de 1/4 et de même la main-d'œuvre, soit environ 150 fr. tous les quatre ans. C'est un total de 500 fr. auquel n'arrive certainement pas la plus-value de la récolte de betteraves qui remplace le trèfle.

Il est certain que l'emploi des engrais chimiques donne plus de latitude pour le choix de l'assolement. Aussi on pourrait théoriquement adopter l'assolement blé, avoine, ou même ne faire que du blé, pourvu bien entendu que la terre soit propre et que l'on puisse labourer à la vapeur la plus grande partie de ses terres. Mais il est tout aussi certain que de pareils assolements ne seraient pas avantageux puisqu'ils exigeraient en moyenne par hectare annuellement :

$$
\begin{array}{lll}
\text{30 kilos d'azote} & \text{à} & \text{70 fr.} \\
\text{20 kilos de pho}^4 \text{ soluble} & \text{à} & \text{16 fr.}
\end{array}
$$

en plus que l'assolement de quatre ans, et que ni le blé ni l'avoine ne peuvent donner 86 fr. de recettes de plus qu'une récolte de trèfle ou de betteraves, si tant est même qu'ils puissent produire autant avec des frais de culture ou de main-d'œuvre égaux. Ainsi, même avec l'emploi des

engrais chimiques, il y a des assolements plus avantageux que d'autres.
Le plus avantageux de tous est sans doute encore l'assolement de quatre
ans et quelques assolements sont restés ruineux comme par le passé.

II. — CULTURE A L'AIDE DU FUMIER DE FERME SEUL OU COMBINÉ AVEC LES ENGRAIS CHIMIQUES

J'ai supposé précédemment, dans l'examen de la fertilité apportée par
le fumier de ferme, que tous les fumiers avaient la même composition,
la même capacité pour la nitrification et que tous les sols avaient aussi
la même puissance nitrifiante. Mais cette hypothèse est loin d'être
exacte. Et d'abord, les fumiers diffèrent considérablement de richesse ;
car ils ne peuvent contenir qu'une partie des éléments de la ration des
bestiaux qui les produisent; ils sont du reste plus ou moins pailleux
suivant l'abondance des litières et plus ou moins chargés d'eau suivant
les saisons.

Les animaux qui consomment à l'étable toute leur ration, qui ne
produisent ni lait ni travail, qui reçoivent une nourriture riche pour
augmenter rapidement de poids, produisent évidemment un fumier très
riche. Les jeunes animaux qui grandissent en recevant une ration convenable mais beaucoup moins riche produisent un fumier moins riche,
surtout en phosphates dont la formation du squelette exige une quantité
importante. La vache à lait reçoit une ration moins riche que les bêtes
à l'engrais, et absorbe une quantité plus considérable de liquide, qui
passe pour la plus grande partie dans les urines ; la moitié des éléments
minéraux et azotés de sa ration est employée à la production du lait,
elle ne peut produire par conséquent qu'un fumier très pauvre puisqu'il
est très humide et qu'il ne renferme guère plus du tiers des éléments
azotés et minéraux de la ration. En revanche, elle en produit beaucoup,
presque autant qu'une bête à l'engrais.

Le cheval est nourri de fourrages et d'avoine, aliments riches en
acide phosphorique ; son fumier est aussi le plus riche en acide phosphorique ; sa nourriture est aussi très azotée, mais une grande partie
de cet azote est enlevé par la respiration et par la sueur; l'acide hys-
purique contenu dans les urines en retient relativement peu ; aussi le
fumier de cheval est plus riche en azote que celui de vache, mais il est
moins riche que celui de mouton. Ce dernier présente en outre l'avantage d'être fait à couvert ; il reste dans la bergerie jusqu'à ce qu'il soit
mené dans les champs, au lieu que les fumiers de vache et de cheval
sont enlevés des étables deux ou trois fois par semaine ; aussi les cul
tivateurs sont d'accord que le fumier de mouton est de beaucoup le
meilleur des fumiers de ferme.

Des analyses de M. Boussingault déjà anciennes ont mis en évidence ce fait, et montré que l'opinion des cultivateurs sur la valeur relative des fumiers était parfaitement fondée.

Ce savant agronome a trouvé pour les divers fumiers de la ferme de Bechelbronn la composition suivante :

	Azote.	Potasse.	Acide phosphorique.
Fumier de cheval.. ..	6,68	6,74	2,32
« de vache....	3,42	3,27	1,29
« de mouton ...	8,23	7,88	2,03

par 1.000 kilos de matière non désséchée.

Il est vrai que les fumiers des animaux diffèrent d'une exploitation à l'autre avec la ration : ainsi une ration de racines augmente la sécrétion du lait et nuit à la richesse du fumier de vache ; le fumier des moutons qui ne mangent que de la paille et qui boivent beaucoup d'eau pour diluer cette ration peu digestible, est beaucoup plus pauvre que celui des animaux qui mangent de l'herbe. Mais on ne s'éloignera pas beaucoup de la vérité en admettant que dans les conditions normales le fumier de vache est deux fois moins riche que les fumiers de cheval et de mouton.

Mais la composition relative des fumiers est sans doute moins importante encore que leur capacité de nitrification, car le principe le plus actif du fumier, l'azote, ne devient assimilable que par la transformation en nitrate ; la potasse et les phosphates eux-mêmes ne deviennent absorbables qu'après avoir été abandonnés à l'état naissant à la suite de la destruction de la matière organique. Or les fumiers de mouton et de cheval que les cultivateurs appellent fumiers chauds fermentent plus facilement que les fumiers de vache, la nitrification y est plus active à la condition qu'on ne laisse pas la température s'élever suffisamment pour détruire le microbe nitrificateur. C'est pour cette raison que le fumier d'été du cheval est inférieur au fumier d'hiver, au lieu que le fumier de vache qui fermente plus lentement, c'est-à-dire plus régulièrement, vaut toujours plus l'été que l'hiver ; il est du reste facile de régler la fermentation du fumier par l'arrosage et de l'activer en remuant fréquemment le tas ainsi que le font les maraîchers des environs de Paris : mais on n'évite pas la déperdition d'une grande quantité d'azote.

J'ai dit plus haut que dans les circonstances les plus favorables cette déperdition n'était jamais inférieure au 2/5 de l'azote total du fumier ; mais elle est presque toujours supérieure, surtout pour les fumiers froids, qui ne produisent même aucun effet lorsqu'ils sont enterrés avant l'hiver dans une terre trop humide qui n'est pas cultivée l'année suivante. C'est pour cette raison que le blé ne réussit jamais dans une terre pauvre sur fumure fraîche, surtout de fumier de vache.

Le fumier quel qu'il soit n'a donc en réalité qu'une valeur fertilisante relative, qui dépend sans doute de sa valeur absolue, c'est-à-dire de sa composition chimique minérale, mais plus encore peut-être de la manière dont il est fait, de l'époque où il est conduit sur les champs et enterré. Le fumier frais ne contient pas de nitrates, mais il contient toujours un peu d'ammoniaque libre qui est toujours perdu dans l'opération du curage des étables. La fermentation augmente cette quantité et à la faveur de l'acide carbonique produit et des acides libres ou même combinés du fumier, il se forme des carbonates et sulfates d'ammoniaque ; quelquefois des phosphates doubles d'ammoniaque et de chaux. Toute opération qui active ou assure ces combinaisons, comme le plâtrage, le sulfatage et l'introduction des sulfates accroît la valeur réelle du fumier. Il est donc convenable de laisser le fumier quelque temps en tas dans la cour de la ferme en le protégeant contre les eaux atmosphériques, et en l'arrosant l'été. Le fumier de vache en profite plus que les autres.

Le fumier charrié sur les terres doit être enterré immédiatement l'été. A cette saison, le soleil et les vents desséchants diminuent rapidement sa valeur et la nitrification s'opère mieux dans une terre meuble, chaude et suffisamment humide qu'à l'air libre. Les fumiers de cheval et de mouton perdent plus que les fumiers de vache lorsqu'ils sont laissés longtemps étendus ; les cultivateurs sont d'accord que le fumier de mouton doit être enterré immédiatement. Ses effets sont au reste immédiats dans tous les sols et à toutes les saisons. L'hiver au contraire, c'est une faute d'enterrer immédiatement les fumiers de vache et même de cheval que l'on est obligé de charrier pour éviter des accumulations trop grandes et des pertes trop considérables ; on ne doit l'enterrer que dans un sol parfaitement sain ; mais il est sans inconvénient de le répandre d'avance, surtout par un temps humide. La perte d'ammoniaque est dans ce cas nulle et les alternatives de pluie, de gel et de dégel en favorisent la désagrégation plus énergiquement que si le fumier restait en petits tas. L'expérience démontre que la betterave et les racines réussissent en général mieux sur les fumiers répandus d'avance.

Il résulte de ces explications que les fumiers de cheval et de mouton perdent un peu plus que le fumier de vache pendant leur transport et leur épandage, mais que ce dernier forme dans la terre plus de composés humiques ; et il me semble positif que la perte de valeur du fumier de vache est relativement plus considérable, de sorte qu'il ne serait peut-être que juste, toutes choses égales d'ailleurs, de fixer à 2/5 le rapport des valeurs relatives et respectives des deux sortes de fumiers.

C'est là un point de vue qui a son intérêt et qui a pu engager certains cultivateurs à continuer la spéculation du mouton même sur des fermes très fertiles où il est certainement moins avantageux qu'ailleurs, car la tenue du gros bétail paraît décidément donner, aujourd'hui surtout, plus de bénéfices. C'est là un point qui rentre évidemment dans l'étude des systèmes de culture et que j'ai du reste étudié ailleurs.

D'autre part, il y a lieu de considérer aussi la quantité de fumier produite par chaque espèce de bétail. La vache passe l'hiver à l'étable, y est souvent nourrie l'été, ou ne passe guère au pâturage que quatre à cinq heures par jour. Le mouton, au contraire, est mené au pâturage tous les jours, à moins qu'il ne pleuve ou que la terre soit couverte de neige ; il y passe l'été dix heures, l'hiver quatre à cinq heures par jour. Le quart au moins du fumier qu'il produit se trouve disséminé un peu partout. A l'étable, du reste, il produit beaucoup moins de fumier par 100 kilos de poids vif que le gros bétail, de sorte qu'on ne sera pas éloigné de la vérité en admettant que le gros bétail fait à poids égal deux fois plus de fumier que le mouton. Ainsi, en tenant compte de la quantité et de la qualité du fumier, le gros bétail, lorsqu'on élève et que l'on entretient moitié de l'effectif en vaches à lait, n'est pas sensiblement inférieur au mouton, et dans les exploitations où l'on engraisse, il lui est fort supérieur, à poids égal bien entendu. Il résulte de là que, dans les conditions ordinaires, 100 kilos de bétail vivant produisent la même quantité d'un fumier que l'on peut appeler normal, et pour lequel on peut admettre la composition suivante :

Azote................... 5 kil. par 1.000 kilos.
Potasse .... 5 k.   «
Acide phosphorique..... 2 k.   «

Dans les exploitations où l'on soigne les fumiers, on arriverait facilement à cette composition moyenne en les mélangeant, ce qui n'est pas toujours avantageux, et il suffit dès lors de déterminer quelle est la quantité de ce fumier produite par 100 kilos de poids vif. Or une vache de 500 kilos est convenablement rationnée avec 180 gr. d'azote par jour, et ses déjections en contiennent environ 90 gr. Avec la litière qui en contient 15 gr., cela fait 105 à 110 gr. d'azote dans le fumier produit par une vache de 500 kilos. On peut donc estimer à 4 kilos 500 gr. la quantité de fumier normal produite par 100 kilos de poids vif avec une consommation moyenne de 37 gr. d'azote.

En considérant ces points comme établis, la ferme de 100 hectares soumise à l'assolement de quatre ans que j'ai considérée plus haut produirait 37 hectares de fourrages à 7.000 kilos de rendement, soit :

120 kil. d'azote à l'hectare, et en tout   4.500 kil., à 17 kil.   par 1.000 kil. de fourrage
63 de céréales et colza à 600 kil.
  de même paille par hectare   280 kil., à 2 kil. 500 » 1.000 kil. »   »
10 1/2 de betteraves à 40.000 kil., soit   1.050 kil., à 8 kil. » »   »   »   »
                Total......   5.830 kil.

C'est un total de 5.800 kilos d'azote, dont la moitié passera dans le fumier : 2.900 k.

D'autre part, 200.000 kilos de paille pour litière en contiennent 800 kil.

Il en résulte que le fumier produit annuellement par notre ferme contient 3.700 kilos d'azote à répartir sur 21 hectares, c'est-à-dire que chaque hectare reçoit 180 kilos d'azote. Or, dans l'assolement de quatre ans, le fumier est dans de bonnes conditions pour que la nitrification se fasse avec le moins de perte possible. Il est certain qu'il y aura toujours 90 à 100 d'azote utilisés par les récoltes. L'éteule de trèfle laisse 60 à 70 kilos entièrement utilisés. Et ces 160 ou 170 kilos d'azote suffisent largement à la production

de	40.000	kilos de betteraves	qui consomment		50	kil.	az.
de	30	hectolitres de blé	—	—	60	—	—
et de 50		— d'avoine	—	—	50	—	—
Ou	20	quintaux de colza	—	—	50	—	—
	30	hectolitres de blé	—	—	60	—	—
	50	— d'avoine	—	—	50	kil.	—

Donc, sur une ferme soumise à l'assolement de quatre ans, il est possible d'arriver à maintenir une pareille production sans importation d'engrais azotés; mais, cela ne veut pas dire que l'on ne devra pas en employer exceptionnellement pour relever une récolte.

Au contraire, la ferme de 100 hectares soumise à l'assolement de trois ans produira :

9 hect. 1/3 de betteraves à	40.000 kil.	azote	933 kil.
43 hect. de luzerne, trèfle et minette à 6.000 kil.		—	3.500 —
Pailles et menues pailles sur 56 hect.		—	1.140 —
C'est un total de.....			5.573 kil. d'az.

En supposant que la nitrification des fumiers soit aussi active dans l'assolement de trois ans que dans l'assolement de quatre ans, ce qui est très contestable, une grande partie du fumier étant jusqu'ici conduite et enterrée immédiatement avant de semer le blé; il resterait annuellement 2.750 kilos d'azote utilisable dans les fumiers.

Or, les	9	hectares de betteraves en consomment		450	kilos
	28	— de blé à 30 hect.	—	1.680	—
	28	— d'avoine à 50 —	—	1.400	—
		Total.....		3.530	kilos.

Il manque donc pour une pareille production 800 kilos d'azote, c'est-à-dire qu'il faudra fournir, à chaque hectare de betteraves ou de céréales, environ 100 kilos de nitrate de soude pour y arriver. Or, cette condition d'une ferme bien cultivée, d'après le système triennal, est générale pour toute la culture française qui ne saurait obtenir et maintenir de hauts rendements que par l'importation d'engrais azotés. Cette situation spéciale a fait le succès des guanos d'abord, puis du sulfate d'ammoniaque et du nitrate de soude. On peut affirmer que dans les 9/10 des terres de France, les engrais azotés sont nécessaires, la plupart du temps à l'exclusion de tous les autres, pour produire d'abondantes récoltes ; mais, dans les terres pauvres, ils sont encore plus nécessaires qu'ailleurs et produisent un effet, en quelque sorte, merveilleux, tandis que l'effet des phosphates de toute espèce y est presque toujours nul. C'est là une remarque bien digne de fixer l'attention, surtout dans les débuts d'une entreprise agricole. Pourquoi faut-il qu'elle ait été si souvent obscurcie par les prospectus des fabricants d'engrais qui ont trompé les cultivateurs le plus souvent par ignorance des conditions de la production agricole dont l'azote est, en quelque sorte, le pivot ? Dans les exploitations bien dirigées seules où cet élément est produit en quantité suffisante, il y a lieu de se préoccuper des autres éléments, et notamment des phosphates, dont les récoltes considérables de céréales épuisent rapidement le sol.

Dans les terres qui en sont insuffisamment pourvues, c'est-à-dire, d'après M. Joulie, dans celles qui renferment à l'hectare moins de 3.000 kilos d'acide phosphorique dans la couche arable, il sera prudent d'enrichir le sol de 1.000 kilos de phosphate fossile au commencement de la rotation, et de donner à chaque récolte la moitié de l'acide phosphorique qui lui est nécessaire sous forme de superphosphates ; dans les autres, il suffit de remplacer chaque année à l'aide des phosphates fossiles ou des scories de déphosphoration, l'acide phosphorique exporté par suite de la vente des grains.

J'ai dit ailleurs que dans les fermes bien tenues, où les grains seuls sont exportés, le sol ne s'appauvrit pas sensiblement en potasse, à moins qu'il ne soit trop perméable ; il ne s'appauvrit pas non plus en chaux ; de telle sorte qu'il n'y aurait pas lieu, en général, de remplacer ces éléments si le dernier surtout n'avait une importance capitale dans la nitrification : par l'action de la chaux la terre devient plus pénétrable à l'air, parce qu'elle est plus légère, plus facile à cultiver et surtout à pulvériser ; les matières organiques y sont plus facilement détruites, et une partie de la chaux s'unit à l'acide nitrique produit ; la chaux est donc un amendement d'épargne ; elle aide à emmagasiner dans le sol de l'azote assimilable ; aussi, les terres calcaires de consistance moyenne sont-elles les plus fertiles de toutes. Les fumiers qu'on y enterre sont mieux utilisés qu'ailleurs ; de là la nécessité de donner de la chaux aux sols qui en manquent, soit sous forme d'hydrate, soit sous forme de carbonate de chaux, c'est-à-dire de marne.

L'expérience de la Brie prouve que le marnage, à raison de 40 mètres cubes à l'hectare, peut faire sentir ses effets pendant une quinzaine d'années, et le mètre cube pris à 4 kilomètres de la ferme et répandu sur le sol coûtera 4 à 5 fr. Un marnage à raison de 40 mètres cubes introduira dans le sol arable 2 o/o de calcaire et pourra coûter 200 fr. En tenant compte de l'amortissement, c'est une dépense de 20 fr. par an qui représente, aux cours actuels des nitrates, 11 kilos d'azote. Or, il est douteux que le marnage par sa seule vertu soit capable de rendre disponibles 11 kilos d'azote par an, et dès lors, le marnage paraît être une opération culturale assez peu économique, excepté peut-être dans les terres argileuses très tenaces qu'il rend plus maniables et qu'il permet de cultiver plus facilement avec moins d'attelages. Mais on atteindrait le même résultat avec des graviers calcaires et siliceux même grossiers, et il en faut une moindre quantité.

Quant à la chaux, il est certain qu'elle agit sur beaucoup de terres, comme elle se combine très énergiquement avec l'eau et les acides. Son action serait considérable si l'on pouvait l'employer à l'état caustique ; mais son maniement est alors impossible. A l'état d'hydrate, elle agit encore beaucoup plus rapidement qu'à l'état de marne ; on en emploie beaucoup moins à l'hectare, quoique les praticiens soient loin d'être d'accord sur les quantités qui peuvent être économiquement employées. Je pense avec M. Joulie que dans les terres ordinaires, c'est-à-dire celles qui ne sont ni marécageuses, ni trop humides, ni trop tenaces, un chaulage de 2.000 kilos à l'hectare est suffisant pour rendre disponible en deux ans la plus grande partie de l'azote emmagasinée dans le sol par une prairie temporaire. Un pareil chaulage coûte généralement de 40 à 60 francs, et, pour qu'il soit économique, il faut qu'il rende disponible au moins 30 kilos d'azote. D'après mon expérience personnelle, il me paraît douteux que ce résultat puisse être atteint l'année du chaulage ; l'action se continue, il est vrai, l'année suivante, mais beaucoup plus lentement, et il faut en conclure, ce me semble, que le chaulage n'est une opération avantageuse que dans les terres marécageuses ou compactes.

Mais, en général, la chaux n'est pas appliquée directement au sol, on la mélange à des débris de végétaux, des curures de mares ou de fossés pour en faire des composts que l'on mène ensuite dans les champs. De cette manière, son action est beaucoup plus certaine, parce que sa masse relative est plus considérable et qu'on peut alors employer la chaux caustique. On peut admettre que, dans un compost bien fait, la chaux rend immédiatement disponible de 1/20 à 1/30 de son poids d'azote, et son emploi dans ces conditions pourrait devenir économique.

Je conclus de là qu'avec l'emploi des engrais chimiques azotés, surtout des nitrates, le marnage et le chaulage ont perdu beaucoup de leur importance, à raison surtout de la hausse des salaires qui a augmenté le prix de ces matières. Mais comme il est de la plus haute importance pour un pays d'employer avant tout les produits de son sol, et que la question n'est pas tant de produire à bon marché que de produire à bénéfice, d'où résulte évidemment le bien-être pour le maître et l'ouvrier, il serait peut-être utile que l'emploi des nitrates fût restreint par des droits à l'entrée tout aussi bien que l'importation des blés étrangers. Par là, le marnage et le chaulage pourraient être employés économiquement à la production du nitre dans le sol.

Le sol de la France qui produit surtout du grain a besoin de beaucoup d'azote ; les fumiers que la culture lui donne sont loin de lui en apporter ce qu'il faut, c'est-à-dire, en tenant compte de la perte par la nititrification, autant que les récoltes de céréales n'en consomment. De là, de faibles rendements obtenus avec de petites fumures réparties sur une surface relativement grande. C'est la culture extensive à laquelle il faut que le cultivateur renonce aujourd'hui s'il veut continuer de vivre. Sans changer son assolement, ce qui, dans la plupart des situations, serait très difficile, en donnant seulement plus d'extension à la production des fourrages et des racines, il améliorerait ses rendements ; mais l'emploi des engrais chimiques surtout azotés avec de bonnes semences lui permettra, en général, d'y arriver d'un seul coup, et ce serait une faute de ne pas se servir de cette précieuse ressource au moins provisoirement, car les engrais verts, dont nous allons maintenant nous occuper, pourront peut-être la suppléer plus tard.

III. — CULTURE A L'AIDE DES ENGRAIS VERTS, SOIT SEULS, SOIT AVEC LES ENGRAIS CHIMIQUES OU LE FUMIER DE FERME

Je ne reviendrais pas sur les engrais verts dont j'ai déjà parlé assez longuement, si deux agronomes célèbres à des titres très différents n'avaient avec une fortune très inégale proposé des systèmes de culture uniquement basés sur leur emploi.

J'ai décrit plus haut les systèmes de MM. Goetz et Georges Ville. M. Goetz emploie tous les fumiers produits à la ferme à l'entretien de sa prairie à grand rendement, ce qui est évidemment un contre-sens, et et il produit les céréales à l'aide d'une récolte dérobée de trèfle obtenue avec l'engrais chimique et enterrée en vert. Le pivot du système de M. Ville est l'enfouissement en vert d'une récolte jachère de trèfle qui sert à produire une ou deux récoltes de céréales. L'auteur affirme que cette production sera économique ; l'expérience n'a sans doute pas encore prononcé sur cette affirmation, mais nous pouvons l'examiner à la lumière des connaissances acquises par la science et la saine pratique agricole.

Le fumier se compose de litières, d'excréments solides et d'urines. Les litières sont en général des tiges de plantes partie fibreuses plus ou moins difficilement pénétrables aux urines et par conséquent résistant énergiquement à l'action combinée de l'air, de l'humidité et de la chaleur. Les excréments solides sont des résidus d'où ont été extraits, par l'action des liquides du tube digestif, toutes les parties capables de se dissoudre, résidus plus ou moins fibreux où l'azote est engagé dans des combinaisons assez stables qui tapissent les cellules. Les urines seules contiennent l'azote à l'état de dissolution. Mais la plus grande partie de l'azote ingéré par l'animal est éliminée par la respiration ou par la transpiration et ne se retrouve pas dans les fumiers : c'est précisément la portion la plus soluble. Il en est tout autrement des engrais verts ; ceux-ci sont des plantes entières en pleine fleur, c'est-à-dire que les tissus fibreux des tiges n'y ont pas acquis une grande consistance ; ils sont pénétrés par la sève et sont bien plus facilement détruits par les agents du sol que s'ils avaient été séchés ; enfin ils contiennent tous les principes que l'animal assimile, interposés il est vrai au milieu du résidu qu'il élimine, principes bien plus attaquables par les agents du sol que ce résidu même et dont la destruction rapide dans le sol aide puissamment à la destruction de ce résidu même. Si l'on considère enfin qu'à la floraison la plante contient des principes organiques beaucoup plus oxygénés qu'à maturité, du sucre et des acides organiques au lieu d'amidon, on en conclura sans doute que les plantes enfouies à la floraison sont entièrement et immédiatement détruites, fournissant à la terre des nitrates et aussi la potasse et la chaux qu'elles contiennent. De sorte que si l'on peut représenter par 1/10 la partie immédiatement assimilable du fumier de ferme on peut certainement représenter par 9/10 la partie correspondante des engrais verts.

Aussi la théorie démontre et la pratique a vérifié depuis longtemps que les engrais verts sont immédiatement actifs, que leur action n'est pas lente et continue comme celle du fumier de ferme, et que la plus grande partie de leur azote devient utilisable, au lieu que dans le fumier de ferme près de la moitié est perdue.

S'il fallait ranger les engrais azotés d'après la rapidité de leur action, l'ordre serait sans doute le suivant :

Nitrates, sulfate d'ammoniaque, guanos, engrais verts et engrais industriels bien faits, engrais industriels peu décomposables, et enfin fumier de ferme.

Il résulte de là qu'il n'y a point d'intérêt à enfouir à la fois dans le même sol une trop grande quantité d'engrais vert ; car le sol ne garde pas les nitrates, et si les plantes ne les utilisent pas ils sont rapidement entraînés dans le sous-sol. Or, pendant l'été les engrais verts sont entièrement détruits en deux ou trois mois ; pendant l'hiver la destruction est un peu moins rapide, mais il est certain que leur effet ne se fait guère sentir que sur la récolte qui suit l'enfouissement, et que l'on s'expose à de grandes pertes d'azote si l'on enfouit en vert plus d'engrais que cette récolte n'en peut consommer. Le trèfle engrais de

M. Ville, en supposant qu'on enterre la première coupe seulement, apporte au sol 25.000 kilos de matière fertilisante contenant par 1.000 kilos 5 k. 5 d'azote, soit près de 140 kilos d'azote. Entre l'époque de l'enfouissement au commencement de juillet et celui de la semaille il s'écoule au moins mois trois pendant lesquels le sol subit de grandes pertes d'azote. Théoriquement les 140 kilos d'azote du trèfle engrais permettent d'obtenir une récolte de blé de 40 hectolitres suivie d'une récolte d'avoine de 60 hectolitres ; mais il n'est pas exagéré d'admettre que, sur un pareil stock d'engrais très facilement décomposable destiné à parer aux exigences de 2 récoltes consécutives, 40 kilos d'azote au moins seront perdus et l'on ne pourra plus dès lors obtenir qu'une récolte de blé de 30 hectolitres et une autre d'avoine de 40 hectolitres au plus, et dans les terres légères peut-être même n'arrivera-t-on pas à ce résultat. M. Ville propose, il est vrai, de faucher la première coupe, de la laisser sur le sol et de n'enfouir que la 2e coupe ; mais la croissance de la 2e coupe serait fort gênée et la première coupe partiellement desséchée perdrait certainement de sa valeur comme engrais. Quoi qu'il en soit, on enterrerait par ce système au commencement de septembre, en tenant compte des racines, au moins 33.000 kilos d'engrais vert contenant 180 kilos d'azote, et la moitié de cet azote, celui qui provient de la première coupe, résisterait davantage à la nitrification ; du reste l'enfouissement d'automne, l'impossibilité de cultiver la terre après la semaille des blés retarderaient la nitrification de l'autre partie, de sorte que l'on doit admettre que les rendements seraient augmentés, et que l'on obtiendrait 35 hectolitres de blé et 45 à 50 d'avoine.

Il est à remarquer enfin que, dans le système de la sidération, l'assolement n'est pas blé, avoine, trèfle, ou comme l'indique M. Ville, trèfle, blé, avoine ; tous les cultivateurs m'entendront lorsque je soutiendrai que ni le blé ni le trèfle ne sont la tête de l'assolement, c'est-à-dire que ce n'est pour aucune de ces plantes que le sol est préparé par la culture et par l'engrais. M. Ville soutient, et il a raison, que le pivot de la sidération est la réussite du trèfle ; mais cette réussite dépend avant tout de la culture et de l'engrais donnés à la plante qui le précède, c'est-à-dire à l'avoine ; c'est donc l'avoine qui tient en réalité la tête de l'assolement. Or lorsqu'on enterre seulement la première coupe, il reste de juillet à octobre assez de temps pour nettoyer complètement le sol avec l'extirpateur, la herse et la charrue, et cette culture profite à l'avoine ; mais elle a l'inconvénient de hâter la nitrification et d'occasionner une nouvelle perte d'azote et de potasse. Lorsque l'enfouissement a lieu au commencement de septembre, le blé peut être semé un mois après à l'extirpateur ; mais la terre reste dans l'état de propreté ou de saleté où elle était pendant la végétation du trèfle, et il faut la nettoyer complètement avant de semer l'avoine. Il est vrai qu'elle est plus riche en azote et en potasse ; mais puisqu'il est évident que l'enfouissement d'une seule coupe de trèfle suffît pour la production d'une très abondante récolte de blé, il semble qu'il vaudrait mieux mettre en réserve l'autre coupe et s'en servir pour fumer la sole d'avoine. Ce serait, il est vrai, un accroissement important de travail, mais aussi un accroissement important des chances de succès puisque, en ensilant par exemple la première coupe de trèfle, on mettrait en réserve une fumure de 80 kilos d'azote, et qu'on éviterait en plus la verse du blé qui pourrait arriver dans une terre ou 140 kilos d'azote seraient disponibles dès le commencement de la végétation, à moins que l'équilibre ne fût maintenu entre l'azote et les phosphates assimilables par une importation de superphosphates.

Mais il est clair qu'il serait encore plus avantageux, puisque les dépenses d'ensilage sont faites, puisque les provisions d'hiver sont amassées, d'avoir du bétail pour les consommer. Il est certain que ce bétail serait très abondamment nourri au vert depuis le milieu de mai jusqu'au milieu de septembre ; mais le système n'aurait plus rien de nouveau, il serait difficile de lui donner le nom de sidération : ce serait tout simplement la méthode pratiquée avec un grand succès du temps de Mathieu de Dombasle par le fermier Leroy, puisque cet illustre agronome nous apprend qu'en suivant à peu près l'assolement jachère, blé, avoine ; — trèfle, blé, avoine ; — trèfle, blé, avoine ; et enterrant les secondes coupes, le fermier Leroy avait considérablement accru la fertilité de sa ferme, et que les récoltes de trèfle qu'il obtenait étaient plus abondantes qu'au commencement.

Or, si l'on compare au point de vue économique ces quatre systèmes, il n'est pas douteux que le dernier ne soit de beaucoup le plus avantageux, et que le premier ne soit le plus médiocre, si tant est même qu'il puisse donner du bénéfice. J'observe en effet que, quel que soit le système pratiqué, il faudra à peu près pour l'exploitation d'une ferme de 150 hectares en terres, le même nombre de chevaux en terre de consistance moyenne 10 chevaux.

La saison la plus occupée de l'année s'étend du 20 août au 15 novembre. Pendant cette période qui comprend en moyenne, déduction faite des dimanches et des jours de pluie, 60 jours de travail, il faut dans le cas où la première coupe a été enfouie extirper deux fois la sole de blé, herser ensuite et labourer pour semer ; il faut encore déchaumer la sole d'avoine de l'année suivante et herser. Avec ces travaux on maintient il est vrai le sol en bon état de propreté ; or tout cet ensemble exige au moins :

Pour extirper deux fois	50 hectares	(33 j. de 4 chev.)	132 journées ;
Pour herser deux fois	50 —	(25 j. de 2 chev.)	50 — ;
Pour labourer	100 —	(150 j. de 2 chev.)	300 — ;
Pour herser deux fois	100 —	(50 j. de 2 chev.)	100 — .

C'est un total de 582 journées de travail que 10 chevaux feront en 60 jours. Il est vrai que si le blé est semé à l'extirpateur on économisera 100 journées et 8 ou 9 chevaux suffiront. Dans les trois autres systèmes, le travail est exactement le même, il faut d'abord :

Enfouir la seconde coupe de trèfle, soit labourer 50 hect.
        (100 j. de 2 chev.)   200 journées ;
Herser le labour 50 hect.   (25 j. de 3 chev.)   75   —   ;
Extirper 2 fois et herser pour semer. (132 j. et 50 j.)   182   —   ;
Enfin déchaumer et herser deux fois 50 hect.   200   —   ;
C'est un travail qui exige 11 chevaux.   Total   657 journées.

Mais on remarquera que dans les deux premiers systèmes, lorsqu'on enterre la première coupe seule où les deux coupes ensemble, les attelages sont très occupés en juillet, septembre, août, octobre, novembre, février et mars, au lieu qu'en décembre, janvier, avril, mai et juin, il ne reste qu'à effectuer les battages et à livrer les grains et les pailles, opération qui ne demande pas un effectif de 9 ou 11 chevaux ; les travaux sont donc mal répartis.

Dans le troisième système l'ensilage est charrié l'hiver sur la sole d'avoine et enterré, l'avoine est semée en mars à l'extirpateur. Dans le quatrième système on réserve en jachère 1/9 de l'exploitation, soit 17 hectares qui reçoivent tous les fumiers enterrés l'hiver, et cette jachère porte ensuite des betteraves et des pommes de terre. Enfin dans les deux systèmes l'herbe est fauchée en juin et ensilée, les travaux sont donc beaucoup mieux répartis et les attelages sont presque continuellement occupés.

Si nous considérons maintenant la quantité d'engrais importé, nous voyons que le premier système en exige le plus, parce que les pertes y sont plus considérables que dans les autres systèmes. Dans les trois premiers, toutes les pailles sont vendues et il est nécessaire de remplacer au moins toute la potasse qu'elles contiennent ; cela suffit certainement dans le troisième système où la sole de blé et la sole d'avoine reçoivent comme fumure chacune une coupe de trèfle, et on peut admettre que pour maintenir une bonne végétation du trèfle, il suffit de lui donner, moitié à l'automne et moitié au printemps, 200 kilos de chlorure de potassium ; il faut dans le deuxième système donner 100 kilos de plus, et dans le premier 200 de plus ; quant au dernier système, si la terre est suffisamment riche en potasse l'importation de ce produit est inutile puisqu'on ne vendra en général ni paille ni betteraves.

Une importation de phosphates est nécessaire dans les quatre systèmes puisque le grain est vendu. M. Ville préconise l'emploi de superphosphates à l'automne qui suit l'enlèvement de l'avoine. Mais il est certain que cela ne suffira pas à cause de l'abondance de l'élément azoté. Il sera prudent de donner au blé, dans les deux premiers systèmes, 60 kilos d'acide phosphorique, dans le troisième système 25 kilos au blé, et autant à l'avoine, et dans le quatrième système 40 kilos au blé seulement. Dès lors les dépenses dans les quatre systèmes seront les suivantes:

	1ᵉʳ SYSTÈME		2ᵐᵉ SYSTÈME		3ᵐᵉ SYSTÈME		4ᵐᵉ SYSTÈME	
		FR.		FR.		FR.		FR.
Loyer		10.500		10.500		10.500		10.500
Frais généraux..		3.750		3.750		3.750		3.750
Personnel.......	(6 dom.)	6.000	(6 dom.)	6.000	(7 dom.)	7.000	(6 dom.)	6.000
Marquaire		»		»		»	(2 marq.)	1.800
Chev.(av. et entr.)	(9 chev.)	3.150	(11 chev.)	3.850		3.850		3.850
Paille pour chev.		600		750		750	(Les pailles ne sont pas vendues)	
Semences.......		3.300		3.300		3.300	(Bett.en plus) 3.450	
Engr. chlor. pot.	(20.000 k.)	4.800	(15.000 k.)	3.600	(10.000 k.)	2.400	*néant.*	
Superphosphates	(50.000 k.)	5.500	(50.000 k.)	5.500	(40.000 k.)	4.400	(30.000 k.)	3.300
Moissonnage....		3.000		3.000		3.000		3.000
(Les grains sont battus par le personnel.)								
Betteraves		»		»		»		1.500
TOTAUX...		fr. 40.600		fr. 40.250		fr. 38.950		fr. 37.150

On voit que les dépenses sont régulièrement décroissantes du premier au quatrième système, qui coûte à pratiquer annuellement environ 3.500 fr. de moins que le premier. Or les produits, ainsi qu'il est facile de le vérifier, sont aussi régulièrement décroissants du premier au quatrième système.

	1ᵉʳ SYSTÈME	2ᵐᵉ SYSTÈME
Blé, grain	(30 hect. à l'hect.) 23.000 fr.	(35 hect. à l'hect.) 26.000 fr.
Paille de blé......	(5.000 k. à l'hect.) 7.500 »	7.500 »
Avoine...........	(40 hect. à l'hect.) 16.000 »	(50 hect. à l'hect.) 20.000 »
Paille d'avoine.....	3.000 »	3.000 »
Bétail............	» »	» »
Pommes de terre..	» »	» »
TOTAUX.....	49.500 »	56.500 »

	3ᵐᵉ SYSTÈME	4ᵐᵉ SYSTÈME
Blé, grain.........	(35 hect. à l'hect.) 26.000 fr.	(30 hect. à l'hect.) 23.000 fr.
Paille de blé	7.500 »	» »
Avoine............	(60 hect. à l'hect.) 24.000 »	(40 hect. à l'hect.) 16.000 »
Paille d'avoine	3.000 »	» »
Bétail............	» »	(90 têtes) 18.000 »
Pommes de terre..	» »	1.000 »
TOTAUX.....	60.500 »	58.000 »

On remarquera que, dans le premier système, la récolte de blé n'est estimée en moyenne qu'à 30 hectolitres ; il est possible qu'elle dépasse un peu ce chiffre, mais elle n'atteindra certainement pas celui de 40 hectolitres indiqué par l'inventeur, et elle sera certainement inférieure à celle obtenue dans le deuxième système. Quant à la récolte d'avoine elle atteindra difficilement à mon sens 40 hectolitres à l'hectare. Celui de 50 hectolitres indiqué pour le deuxième système est aussi probablement trop fort puisqu'il s'agit d'une avoine en deuxième récolte après fumure. Au contraire, dans le troisième système, on donne à la terre avant chaque récolte et dans les meilleures conditions tout l'azote et tout l'engrais minéral dont elle a besoin pour produire respectivement 40 et 60 hectolitres; il n'y a donc pas d'exagération à compter sur ces récoltes. Enfin, dans le quatrième, il est certain qu'avec 15 hectares de betteraves, 33 de première coupe de trèfle et de pâturage d'automne du trèfle, il est possible d'entretenir les chevaux de fourrage et de nourrir abondamment 90 têtes de gros bétail, qui donneront un produit brut de 18.000 fr. et 2.500 kilos de fumier par jour, soit 900.000 kilos par an, qui permettront de fumer la sole de betteraves et pommes de terre à raison de 53.000 à l'hectare, soit en une fois soit en deux fois. C'est une fumure qui permet d'obtenir facilement, après les betteraves, 30 hectolitres de blé et 40 d'avoine.

L'enfouissement de la deuxième coupe de trèfle permet du reste d'obtenir les mêmes récoltes; mais il est certain que dans le quatrième système une importation d'engrais azoté, 100 kilos de nitrate à l'hectare sur la sole d'avoine et le blé qui suit les betteraves, serait une très heureuse spéculation, puisqu'avec une dépense de 2.000 fr. on augmenterait les produits de plus de 6.000 fr. *Il n'est pas possible* avec les engrais verts et l'assolement de trois ans d'éviter l'importation d'engrais azotés, à moins qu'une partie de l'engrais vert ne soit mise en réserve comme dans le troisième système pour fumer la sole d'avoine.

Quoi qu'il en soit, les résultats des quatre systèmes sont donnés par les chiffres suivants :

Premier système . . . . 49.500 — 40.600 = 8.900 fr.
Deuxième système . . . . 56.500 — 40.250 = 16.250
Troisième système . . . . 60.500 — 38.850 = 21.650
Quatrième système, avec 2.000 nitr. 64.000 — 39.150 = 24.850

Voilà, ou je me trompe, de gros bénéfices. A considérer la situation précaire d'aujourd'hui, tout cultivateur raisonnable se contenterait aisément du premier ; mais, en les considérant de près, on verra que le premier système constitue réellement le cultivateur en perte ; que le deuxième laisse peu de bénéfice, si l'on remarque surtout que le produit de la récolte d'avoine est sans doute exagéré.

Dans les deux systèmes, il faut un capital d'exploitation de 50.000 fr., qui produit 2.500 fr. d'intérêt. Sur ce capital, le matériel entre pour 20.000 francs et est déprécié de plus de moitié par l'usage, même lorsqu'il est entretenu en bon état de service. Son amortissement en douze ans exige donc une réserve de 1.000 fr. par an. La nourriture et l'entretien de la famille du fermier exigent certainement plus de 5.000 fr. par an ; et encore il ne faut pas que la famille soit trop grande ni trop dépensière. Il reste, en définitive, 400 fr. pour parer à l'imprévu, aux intempéries des saisons, aux accidents des récoltes. C'est un chiffre bien insuffisant, car, sur 100 hectares de céréales, il faut compter ordinairement sur un vingtième de déchet, soit cinq hectares. Il résulte que le premier système constitue le cultivateur en perte, et que le deuxième ne lui laisse pas plus de 4 à 5.000 fr. de bénéfice.

Après la déduction de 8.500 fr. et le prélèvement de 4.000 fr. pour les cas imprévus, il reste, dans le troisième système, un bénéfice de 9.000 fr., qui est très raisonnable. Enfin, dans le quatrième système, où le capital engagé compte 20.000 fr. de plus que dans les autres, il faut déduire 9.500 fr., et il reste alors un bénéfice de 11.000 fr. Il résulte de cette discussion que la sidération telle qu'elle est enseignée par M. Georges Ville est un système probablement ruineux ; qu'il ne peut devenir lucratif qu'à la condition que l'on mette en réserve la première coupe de l'engrais sidéral, et que l'on puisse vendre couramment ses pailles ; qu'enfin, l'emploi des engrais verts dans l'assolement triennal peut donner un bénéfice sérieux, pourvu que l'on importe un peu d'engrais azoté.

Le système de M. Goetz se distingue nettement de celui de M. Ville, en ce que la récolte engrais est une récolte dérobée, produite par un engrais minéral approprié. Comme le trèfle peut réussir indéfiniment sur la même terre, à la condition qu'on lui donne les éléments minéraux qu'il consomme, M. Goetz recommandait d'en semer chaque année, au printemps, dans toutes les terres couvertes de céréales, pour l'enterrer à l'automne ou au printemps suivants. Il paraît que le système a fait ses preuves, et, tout bien considéré, rien ne s'opposait à ce qu'il

réussît. Il est bien certain qu'il ne peut permettre de cultiver les
céréales indéfiniment sur le même sol ; mais il.est tout aussi certain
qu'il peut être appliqué avec le plus grand succès à l'assolement triennal, car il n'exige que deux conditions : que la terre soit propre et
suffisamment meuble. Or, si la terre a été complètement nettoyée par
la culture de la betterave, le blé qui suit la laissera propre, et la présence du trèfle contribuera pour une bonne part à empêcher la végétation des mauvaises herbes. Sous le climat de Paris, où ce système
a été tout d'abord essayé ; le trèfle fleurit en général au milieu de
septembre, le blé étant coupé au milieu de juillet, la terre reçoit assez
d'eau dans cet intervalle de deux mois et demi pour que la plante
pousse vigoureusement ; M. Goetz conseillait, du reste, de faucher le
blé haut, en respectant le jeune trèfle, et recommandait d'y semer au
printemps 100 kilos de chlorure de potassium mélangé d'autant de
plâtre. Avec ces précautions, les adeptes de la méthode obtenaient
facilement une récolte dérobée équivalente à une bonne deuxième
coupe, et enterraient en octobre, ou à la fin de septembre, en tenant
compte des racines, au moins 10.000 kilos de trèfle vert, soit près de
70 kilos d'azote ; le blé était ensuite semé à la herse ou à l'extirpateur,
et donnait une récolte au moins égale à celle de l'année précédente.
M. Cothias, de Champerreux, qui a essayé de la méthode, obtenait en
moyenne 26 hectolitres de blé ; dans le second blé, on semait encore
du trèfle, et M. Goetz pensait qu'on aurait pu obtenir un troisième blé ;
mais il suffit en général à un cultivateur judicieux d'en obtenir deux
de suite. Après le second, on aurait eu, sans l'aide du trèfle engrais,
une récolte d'avoine un peu inférieure à celle qu'on obtient en général,
soit, dans le cas de M. Cothias, 30 hectolitres à l'hectare ; mais, à l'aide
du trèfle engrais, en supposant même qu'il réussisse moins bien que la
première fois, on obtenait facilement 15 hectolitres de plus. En effet,
la pousse d'automne donnait facilement 25 kilos d'azote ; celle du printemps, avec les racines, autant : soit 50 kilos d'azote ; mais, comme ce
trèfle était en général bien réussi, la seconde année il était mieux de
ne l'enterrer qu'au 15 avril. On enfouissait ainsi, tout compris, au moins
70 kilos d'azote, et on semait de l'orge, en hersant énergiquement.
Après l'orge, on obtenait facilement de la même manière une bonne
récolte d'avoine, et il était temps alors de nettoyer complètement la
terre par une récolte sarclée.

A côté de cette culture presque sans fumier, M. Goetz avait inventé
une prairie dans laquelle il ne faisait entrer que les plantes qui réussissaient sur le sol où devait être établie la prairie. L'idée de cette
prairie à hauts rendements, de 12 à 15.000 kilos de foin sec à l'hectare,
entretenus à l'aide de fumures annuelles de 35.000 kilos à l'hectare,
était malheureuse ; la prairie eût été avantageusement remplacée par
la luzerne, et, avec cette modification, il est facile de se convaincre

que le système de M. Goetz donnait des résultats fort supérieurs à ceux
de la sidération.

En effet, avec 25 hectares de luzerne et 25 hectares de betteraves,
notre ferme de 150 hectares entretenait facilement 11 chevaux et 110
têtes de gros bétail. Les 11 chevaux suffisaient largement à l'exécution
du travail, parce que les terres n'étaient pas déchaumées, sauf pour la récolte de betteraves. Les 121 bêtes de la ferme produisaient annuellement
1.100.000 kilos de fumier, qui permettaient de fumer les betteraves à
raison de 44.000 kilos à l'hectare. Avec cette fumure, on obtenait facilement, après les betteraves, 30 hectolitres de blé à l'hectare ; c'est le
rendement que l'on obtient dans l'assolement biennal du Nord avec des
fumures un peu moindres. L'enfouissement de 70 kilos d'azote permettait d'obtenir une seconde récolte de blé aussi importante que la
première ; les adeptes de la méthode Goetz s'accordent même à
reconnaître que la seconde récolte de blé était généralement un peu
supérieure à la première ; l'orge et l'avoine qui suivaient atteignaient
facilement les rendements respectifs de 40 et 50 hectolitres ; et il suffisait, pour obtenir ce résultat, de donner au premier blé et à l'orge
100 kilos de chlorure de potassium ; et au second blé et à l'orge, 50 kilos
d'acide phosphorique à l'état de superphosphate, que l'on pouvait
même, dans les terres riches en acide phosphorique, remplacer par
des phosphates fossiles.

Les dépenses et les recettes étaient, dès lors, les suivantes :

Dépenses.			*Recettes.*	
Loyer,	10.500 fr.		Blé,	23.000 fr.
Frais généraux,	3.750		Avoine et orge,	20.000
Chevaux,	3.850		Bétail,	22.000
Domestiques,	6.000		Total :	65.000
Marquaires, 3,	2.900			
Semences,	3.900		BALANCE, 24.000 fr.	
Chlorure de potassium,	1.100			
Superphosphate,	3.300			
Moissonnage,	3.000			
Sarclage et arrachage des betteraves,	2.500			
Total :	40.800			

C'est un résultat supérieur à celui obtenu par la sidération bien pratiquée. Et l'expérience qui a été faite du système Goetz, en employant
sur la prairie presque tous les fumiers, c'est-à-dire dans de mauvaises
conditions, prouve que ce résultat serait sûrement atteint si la luzerne
remplaçait la prairie. Je conclus de cet examen qu'il n'y a jamais avantage à enfouir en vert une récolte principale, et, dès lors, l'on ne

saurait trouver de récolte intercalaire plus avantageuse que le trèfle à enfouir en vert. Le trèfle, en effet, réussit dans tous les sols, n'exige que des engrais minéraux, est déjà bien enraciné après l'enlèvement de la plante dans laquelle on l'a semé ; enfin, il n'est pas sujet à manquer, comme les semis d'été, dont la sécheresse retarde souvent la levée pour en faire à l'automne la proie des limaces. Mais cela ne veut pas dire que l'on doive prendre pour règle absolue de n'enfouir que du trèfle comme engrais vert. L'examen auquel je me suis livré montre, en effet, que c'est surtout dans la culture intensive et continue des céréales que les engrais verts sont utiles ; ils perdent beaucoup de leur importance dans les assolements alternes, surtout dans l'assolement de quatre ans, ou dans les assolements avec prairies temporaires, puisque avec ces assolements on peut toujours donner à la terre l'engrais dont a besoin la plante qu'elle doit porter. Dans le cas où l'on voudrait adopter un de ces assolements, ce n'est donc pas en cours d'assolement, lorsque le régime permanent de culture, pour ainsi dire, est établi, que l'on a besoin des engrais verts ; c'est au commencement d'une exploitation, pour améliorer des terres médiocres ou épuisées, et les rendre capables de produire de grandes récoltes. Dès lors, le trèfle qui, pour se développer, a besoin de trois ou six mois, qui occupe la terre tout l'été, ne serait plus un engrais vert convenable, puisqu'il ne permettrait pas de la nettoyer ; il faut recourir à d'autres plantes : le colza et la navette, le sarrasin, la moutarde blanche, les lupins ou la spergule.

Le colza, semé dans nos climats en juillet, à raison de 10 à 15 kilos à l'hectare, peut fournir, à la fin de septembre, 10 à 12.000 kilos d'engrais vert. Mais il a l'inconvénient d'être bisannuel et de repousser dans le blé qui le suit lorsqu'il a été mal enterré ; de plus, bien qu'il puise dans l'air au moins la moitié de l'azote qu'il consomme, il ne réussit pas dans les sols maigres sans un engrais azoté ; il faudrait lui donner au moins 100 kilos de nitrate à l'hectare pour obtenir un engrais vert qui suffirait à faire pousser une récolte de 20 à 22 hectolitres de blé. Enfin, le colza ne réussit bien que dans les terres siliceuses ou moyennes ; il n'aime pas les terres calcaires ou argileuses, et demande à être remplacé dans ces terres par la navette, qui fournit, du reste, un engrais à peu près aussi abondant, mais avec les mêmes exigences.

Le sarrasin, qui convient à peu près à toutes les terres, mais plutôt aux terres légères ; les lupins et la spergule, qui se plaisent surtout dans les mêmes sols, fournissent en fleur un engrais tout aussi abondant que le colza ; leur végétation est si rapide, qu'ils sont en pleine fleur deux mois après le semis ; de sorte qu'on peut les employer indifféremment, soit comme récolte principale, soit comme récolte intercalaire ; enfin, ils ne consomment presque pas d'engrais azotés, et conviennent spécialement aux sols pauvres. C'est la spergule que l'illustre Fellemberg employait à Hofwyll comme engrais vert, pour obtenir sur ses terres des récoltes très abondantes.

Le cultivateur judicieux, au commencement d'une entreprise agricole, pour améliorer et amener de suite à une fertilité convenable des terres épuisées et négligées, peut choisir entre beaucoup de moyens. S'il prend possession des jachères à Pâques, ce qui est le cas général, il aura préparé d'avance quelques hectares de terres parmi les plus propres à semer des betteraves ; il charriera tous les fumiers disponibles du fermier sortant, et, à l'aide d'un engrais azoté, il se préparera, pour l'hiver suivant, une réserve importante de racines fourragères. Si le fermier sortant ne doit pas laisser de trèfles, il en sèmera lui-même dans les avoines l'année d'avant son entrée en jouissance des jachères. Les terres qui pourront être préparées en temps opportun seront cultivées énergiquement et avec suite jusqu'au commencement de juillet, et l'on y sèmera l'une des plantes que j'ai indiquées plus haut, pour l'enterrer en vert avant la semaille des blés.

CONCLUSION DE LA PREMIÈRE PARTIE

J'ai terminé l'examen des assolements et des systèmes de culture. Aujourd'hui encore, dans la plus grande partie de la France, la terre est ensemencée sans avoir reçu les engrais et les façons nécessaires ; on exploite beaucoup de terres avec peu d'attelages et moins encore de bétail. On fait de la culture extensive en ne gagnant pas d'argent, ou plutôt en en perdant, au lieu que la culture intensive pourrait seule donner le succès. Cela tient en partie à l'assolement que le plus grand nombre des cultivateurs français, ceux qui exploitent de petits héritages ou des héritages morcelés, sont obligés de subir.

L'assolement triennal est en vigueur dans la plus grande partie de la France, au moins dans la France du Nord. Et si, comme cela paraît, il est impossible de changer, faute d'entente, le partage en saisons, il est au moins facile d'améliorer considérablement l'assolement lui-même. Des améliorations de ce genre ont déjà été faites par la suppression de la jachère, remplacée par la betterave, la pomme de terre, le trèfle et la minette. Mais l'expérience a prouvé que cela ne suffisait pas, bien que les rendements en blé aient été élevés à 15 ou 18 hectolitres à l'hectare dans les régions qui ont adopté ce progrès. L'introduction et l'extension de la luzerne ont été un progrès plus important encore ;

mais tout cela ne suffit plus aujourd'hui ; et la situation nouvelle nécessite, avec l'emploi de semences améliorées, le perfectionnement des agents de fertilisation du sol. Un meilleur aménagement des fumiers, l'emploi des purins qui sont aujourd'hui généralement perdus ; mais surtout la suppression de cette mauvaise pratique de ne conduire sur les champs les fumiers que deux ou trois fois par an, après qu'ils ont perdu la moitié de leurs principes fertilisants, augmenteront la masse des engrais disponibles ; en les enfouissant dans une terre bien préparée pour une récolte devant recevoir plusieurs façons, on favorisera la nitrification et on augmentera leur efficacité. Enfin, à l'aide des engrais chimiques, surtout azotés, on agira directement sur les récoltes, soit pour relever celles qui périclitent, soit pour augmenter celles qui promettent ; mais il sera plus profitable d'augmenter ses ressources par l'enfouissement d'engrais verts, produits uniquement à l'aide d'engrais minéraux, et ce sera un perfectionnement du même genre d'accroître de la même manière le rendement des luzernes et des trèfles.

Mais si on a le choix de l'assolement, soit qu'on cultive d'un seul tenant, ou que toutes les pièces soient à portée des chemins, et qu'on n'ait pas affaire à des voisins trop ombrageux, on fera sagement d'adopter, soit un assolement alterne, et surtout l'assolement de quatre ans, soit un assolement avec prairies temporaires ou avec luzerne. Avec un pareil système de culture, l'importation des engrais azotés deviendra inutile, sauf dans les cas extraordinaires, pour relever une récolte. Il suffira de rendre à la terre les matières minérales exportées, c'est-à-dire tous les six ans 100 kilos d'acide phosphorique et autant de chlorure de potassium ; les frais de culture seront réduits, et les terres s'amélioreront progressivement.

DEUXIEME PARTIE

L'ART DES ASSOLEMENTS

Dans la première partie de ce travail nous avons comparé les assolements au point de vue de la production de l'azote et de la consommation qu'ils en font, et nous avons trouvé que si l'assolement de trois ans n'en dépense pas plus que les assolements alternes ou que celui de quatre ans, il en produit beaucoup moins et surtout moins économiquement. Les assolements avec prairie en produisent moins que l'assolement de quatre ans, mais ils en consomment aussi un peu moins, et leur supériorité tient en définitive plutôt à des circonstances économiques qu'à leur valeur intrinsèque. Nous avons donc un peu empiété sur le domaine de la deuxième partie, et du reste il était difficile qu'il en fût autrement.

Nous allons maintenant étudier plus spécialement dans cette deuxième partie l'art des assolements, c'est-à-dire que nous chercherons les moyens d'adapter l'assolement au sol, au climat, aux circonstances économiques diverses : toutes conditions variables pour les différentes contrées, souvent même dans des domaines très voisins.

Or ces divers ordres de considérations sont loin d'avoir la même importance pour fixer le choix du cultivateur, car, de même que, dans l'histoire naturelle, les animaux et les plantes ont été classés en familles naturelles en tenant compte de l'importance relative des caractères qui leur sont spéciaux ou communs, en un mot de ce que Jussieu a excellemment appelé la subordination des caractères ; de même, pour fixer l'assolement, la considération du climat n'a pas la même importance que celle du sol, et celle-ci en a beaucoup plus que les circonstances économiques.

S'il est vrai que chaque plante ne végète bien que sous un climat qui lui convienne, si les plantes de la zone torride sont fort différentes de celles de nos climats tempérés, et à plus forte raison des végétaux rabougris de la zone glaciale, la considération du climat de vrait être la plus importante pour fixer l'assolement; mais, comme je me propose spécialement d'étudier les assolements de la partie tempérée de l'Europe et plus spécialement de la France où les différences du climat sont beaucoup moins grandes que celles du sol, cette dernière considération prend beaucoup plus d'importance, et c'est d'elle surtout que dépend le choix de l'assolement.

La végétation varie avec le sol : les plantes qui poussent naturelle-
ment sur l'argile ne se retrouvent plus sur la craie ; le sable a sa végétation spéciale ; les terrains humides nourrissent des plantes acides
qui disparaissent par le drainage et le chaulage : les plantes à racines
traçantes ne végètent pas dans les terrains brûlants où les plantes
à racines pivotantes réussissent mieux. A côté de ces qualités de
nature, pour ainsi parler, la situation du sol a aussi son importance :
qu'il soit sur un plateau, sur un versant, dans une vallée ou dans une
plaine, ses productions seront nécessairement différentes.

Le climat de la France, si l'on en excepte le bassin du Rhône depuis
Lyon, comporte à peu près la même végétation, quoique les phases
en soient différentes au nord et au midi. La considération en est donc
moins importante que celle du sol.

Quant aux conditions économiques, il y en a de générales pour le
pays ; de ce nombre sont les droits de douane ; mais la rareté de la
main-d'œuvre, l'importance du capital d'exploitation, la valeur morale
et l'habileté matérielle des ouvriers, la facilité des débouchés, le taux
de la vente de la terre, la cherté de la main-d'œuvre sont autant de
conditions variables qui ont une influence considérable mais non pas
dirimante sur l'assolement.

J'étudierai donc successivement les modifications de l'assolement
suivant les sols, les climats, et les conditions économiques, et je ferai
voir comme conclusion que la prairie temporaire convenablement
modifiée se prête à toutes ces variations.

CHAPITRE PREMIER

DES ASSOLEMENTS QUI CONVIENNENT AUX DIFFÉRENTS SOLS

Quatre points sont à considérer dans l'examen du sol : la fertilité,
les qualités physiques, la situation et la division. Le plus important
est la fertilité : on peut réussir avec un assolement quelconque sur
un sol fertile ; peu d'assolements au contraire conviennent à un sol
pauvre, mais persister à y maintenir l'assolement de trois ans, c'est
commettre la dernière faute et courir à une ruine certaine. C'était le
système d'autrefois où tout homme qui avait deux chevaux, une charrue et sa semence croyait pouvoir s'établir cultivateur. C'est encore
le système pratiqué aujourd'hui sur bien des points du territoire
français, et c'est une des causes auxquelles il faut attribuer l'inferio-
rité de notre agriculture.

Je ne m'attarderai pas du reste à considérer les différents degrés
de fertilité des sols, à les combiner avec la variété des qualités physiques de la situation et de la division pour indiquer dans chaque
cas particulier l'assolement qui convient ; ce serait une énuméra-

tion fastidieuse qui m'exposcrait à des redites : je veux exposer seulement comment la considération du sol doit diriger le choix de
l'assolement.

Qualités physiques. — Au point de vue physique, les sols sont perméables, moyens ou imperméables. Les sols perméables sont pierreux,
graveleux ou sablonneux, à une profondeur plus ou moins grande : ces
sols laissent complètement passer l'air et l'eau ; les fumiers y sont
activement décomposés, et leurs éléments utiles rapidement entraînés
dans les couches profondes, la potasse la première, les nitrates ensuite, au fur et à mesure que les matières organiques se nitrifient, les
phosphates en dernier lieu. Ce sont donc généralement des sols très
pauvres en potasse, riches en phosphates, et pauvres en azote. Les
terres pierreuses de l'arrondissement de Bar qui laissent filtrer les
eaux jusqu'à une profondeur moyenne de 100 mètres contiennent
en moyenne 6 à 7.000 kilos d'acide phosphorique à l'hectare jusqu'à
une profondeur de 0^m 20 centimètres, la proportion de potasse est au
contraire fortement inférieure à 2.000 kilos, c'est-à-dire très faible.
Au point de vue chimique, les terres perméables à une grande profondeur ne sont pas aptes à la végétation des légumineuses et de
la luzerne, qui seules pourraient permettre de les cultiver avec profit,
puisque leur état physique s'oppose absolument à leur transformation en prairies mélangées de graminées. Mais ces terres ont d'autre
part l'avantage d'exiger des labours moins fréquents, puisqu'elles
sont à la fois meubles et propres, et en n'y employant que des fumiers longs aidés d'engrais potassiques, un cultivateur industrieux
pourra y faire prospérer la luzerne qui devra y revenir très fréquemment avec l'assolement : pommes de terre, blé, 3 années de luzerne,
avoine ; pour la première rotation, la terre étant trop pauvre, le sainfoin remplacera avantageusement la luzerne. Le même assolement
réussira mieux encore, et sans doute avec une moindre importation
de potasse lorsque la couche imperméable se trouvera à une profondeur de 2^m dans le sol. L'assolement que je viens d'indiquer est de
six ans, il peut donc parfaitement remplacer dans les territoires morcelés ou le sol est perméable, l'ancien assolement de trois ans ; c'est
un progrès qui pourrait être appliqué avec profit sur la moitié au
moins du territoire de la Meuse.

Les sols moyens sont ceux qui sont assez perméables pour que l'air
et l'eau y accomplissent leur travail de décomposition au profit des
plantes qui les couvrent. Les sols qui contiennent de 3 à 10 0/0 d'argile, 2 à 10 de calcaire et le reste de sable fin jusqu'à une profondeur
de 2 mètres sont dans ce cas ; mais il y en a d'autres encore : des sols
plus compacts mais qui sont drainés ou dont le sous-sol est perméable
en font partie. Ce sont généralement les terres les plus faciles à cultiver et celles qui donnent le plus de profit. La plus grande partie de

nos riches vallées, les plaines du nord et de l'ouest de la France sont comprises dans cette catégorie. Ici le cultivateur est maître de son assolement; la fertilité plus grande, le moindre relief du terrain, la contenance plus grande des parcelles du sol, tout favorise son exploitation. Aussi, à l'exception de la basse Normandie, où la régularité du climat et son humidité constante en même temps que la facilité des relations avec l'Angleterre rendent la tenue du gros bétail très profitable, toute cette partie du sol français était réservée à la culture. La betterave à sucre et le blé dans le Nord avec l'assolement alterne, le colza et les céréales en Normandie et en Beauce avec l'assolement triennal occupaient successivement le sol. Les désastres dus au libre-échange ont fortement ébranlé ce système de culture, et il est douteux qu'il puisse leur résister. Quoi qu'il en soit, si l'emploi des engrais artificiels, l'accroissement des rendements ne donnent pas satisfaction aux cultivateurs de ces contrées, les assolements avec prairies temporaires soit à base de trèfle, soit à base de luzerne avec une durée moyenne de quatre ans, leur permettront de traverser la crise. L'économie de main-d'œuvre et de frais généraux qu'ils feront dès la première année leur permettra d'acquérir le supplément de bétail qui leur sera nécessaire dans ce nouveau mode d'exploitation.

Les sols imperméables sont les sols compacts contenant plus de 20 0/0 d'argile, et le reste de sable fin à moins que le sous-sol situé à une profondeur de moins de $0^m 20$ centimètres ne soit absolument perméable ; ce sont encore les terres moyennes ou même les sables avec sous-sol imperméable. Ces sables conservent parfaitement leur fraîcheur surtout lorsqu'ils n'ont été ni marnés ni chaulés ; les réactions chimiques de la décomposition du fumier s'y accomplissent lentement, et lorsqu'ils ne sont pas cultivés avec le plus grand soin et façonnés très fréquemment par un temps favorable, ils deviennent généralement acides. Il en résulte que, difficile comme dans le cas de l'argile, ou facile comme dans le cas du sable, la culture y est toujours coûteuse, en ne donnant souvent que des produits minimes. Le blé réussit mal dans les terrains acides, la luzerne n'y prend que lorsque la culture a enlevé l'excès d'acidité, c'est-à-dire avec beaucoup de frais et souvent après bien des essais infructueux ; mais ce sont de beaucoup les plus favorables à la réussite des prairies, les sols moyens et légers avec sous-sol imperméable surtout. Comme il est très facile de les amender complètement et d'en réduire la surface en poussière, la levée de la prairie est assurée et toujours régulière, et comme le tassement y est toujours faible la prairie même pâturée peut durer un temps plus considérable qu'ailleurs. L'expérience que j'ai faite à cet égard depuis cinq ans dans ma ferme de Jovillers où le sol est en général sableux et le sous-sol peu perméable, bien qu'il y ait aussi des sols plus compacts, ne me laisse aucun doute à cet égard : l'assolement betterave, blé, trois ou quatre années de prairie et deux de céréales, est celui qui m'a réussi le mieux.

Dans les terres semblables mais chaulées, et beaucoup plus fertiles de la Brie, c'est à peine si l'on connaît la prairie temporaire ; mais en revanche la luzerne est cultivée en grand pour fournir à la consommation de la capitale, bien qu'à ma connaissance peu de cultivateurs l'aient introduite dans l'assolement et qu'au contraire les terres qui la portent en soient généralement soustraites.

Avec un capital considérable, beaucoup de persévérance, des drainages et des marnages, les cultivateurs de la Brie ont pu réussir dans la culture de la luzerne ; mais c'est un fait que les terres compactes et argileuses des plateaux de l'est de la France ne s'y prêtent point du tout. Avec la persévérance et la science qui le caractérisaient, M. de Dombasle en a essayé à Roville dans les terres fortes des plateaux : il a semé 25 kilos à l'hectare, mais la luzerne, après avoir bien levé a disparu, et la conclusion du savant agronome a été que le trèfle seul convenait sur les terres argileuses. Sur ces terres particulièrement, l'introduction de l'assolement de quatre ans serait un progrès important, tant au point de vue de l'économie de culture que de l'accroissement des produits du sol. L'exemple de prospérité agricole de l'Écosse avec des terres de cette sorte et sous un climat singulièrement plus humide que le nôtre, a suffisamment prouvé du reste la supériorité de cet assolement, bien que les Écossais aient été obligés d'y maintenir la jachère tous les huit ans.

Si l'on remarque que les terres argileuses qui proviennent souvent de la décomposition des granits sont presque toujours riches en potasse, on reconnaîtra que le trèfle pourra y persister après la première récolte, il sera donc très avantageux de lui associer des graminées ; mais ce serait une faute de faire pâturer cette prairie si on veut la faire durer plus de deux ans, ce n'est que la dernière année qu'elle doit être laissée au pâturage. On réussira donc certainement en assolant ces terres de la manière suivante : betterave, maïs ou pomme de terre, blé, trèfle et deux années de prairie, avoine ; c'est encore un assolement de six ans très applicable aux terres morcelées.

Situation. — On ne tient pas toujours assez compte des situations, dans le choix des assolements ; toutes les terres d'un domaine sont souvent assolées de la même manière, bien qu'elles diffèrent de situation : les unes situées sur les hauteurs sont exposées aux vents desséchants ; les autres dans les fonds sont à couvert, elles reçoivent en outre les eaux fertilisantes du reste du domaine ; les pentes sont quelquefois ravinées par les pluies torrentielles ; les versants situés au midi sont plus chauds, les plantes y sont plus précoces qu'au nord ; le versant de l'est est beaucoup plus sec que celui de l'ouest, et à cause de cela moins exposé à souffrir des givres qui font aux récoltes beaucoup plus de mal que les gelées sèches.

De même, l'ensemble de notre territoire comprend des plateaux d'une élévation moyenne de 200 mètres au-dessus du niveau de la mer, des plaines au nord et à l'est tout autour de ce plateau central et occidental de la France qui comprend la Normandie presque entière, le Maine, l'Anjou, l'Orléanais, une partie de la Bourgogne et toute l'Ile-de-France. Là on ne rencontre de pentes considérables que celles qui bordent les grandes vallées; mais dans le reste du territoire les accidents ont plus de relief, le terrain ne fait plus partie d'un plateau, c'est une suite de plateaux entremêlés de plaines et séparés par des ravins ou des vallées plus ou moins importantes avec des pentes quelquefois abruptes. Or il est clair que sur les pentes la culture n'est pas aussi facile qu'en terrain horizontal : si le sol est divisé suivant la ligne de plus grande pente, ce qui est le cas dans la vallée de la Seine depuis Paris jusqu'à Mantes où les parcelles sont très petites, la culture devient pour ainsi dire impossible à cause de la traction qu'elle exige; si la plus grande dimension des parcelles est de direction horizontale, la culture exige des laboureurs plus d'habileté et plus de fatigues, et la récolte reste exposée aux accidents qui proviennent soit de la sécheresse, soit des pluies torrentielles.

Ajoutez que la composition physique et chimique du sol n'y est pas la même que sur les plateaux. Ici une grande partie de l'eau de pluie n'entre pas dans le sol pour en enlever les principes fertilisants, mais le sol lui-même est quelquefois entraîné dans la vallée ; il n'en reste que les parties les plus grossières, les parties fines allant se déposer dans les vallées. La matière organique est sans doute enlevée de cette manière; car, dans la Meuse, par exemple, les côtes qui bordent la vallée de la Meuse et la Woëvre à l'est n'en contiennent guère que 5.000 kilos à l'hectare avec moins de 2.000 kilos d'azote, ce qui prouve que la nitrification s'y opère très rapidement, tandis que les terres du plateau entre les deux versants contiennent 52.000 kilos de matière organique à l'hectare avec 7.000 kilos d'azote, la Woëvre 80.000 kilos avec 12.000 kilos d'azote et la vallée de la Meuse 45.000 avec 15.000 kilos d'azote. Aussi, malgré la nitrification active qui s'y opère, les versants des côtes ne sont pas en général propres à la culture des plantes avides d'azote qui ne sauraient jamais y donner de grands produits.

C'est une raison de les occuper, par la vigne sur les versants orientaux et méridionaux et même occidentaux, lorsque le climat lui convient ; les versants du nord seront utilement occupés par des plantations de bois. Mais pour les fermiers qui ne sauraient supporter de pareilles dépenses, assurés qu'ils sont de ne pas rentrer dans leurs frais, il y aurait certainement grand bénéfice à transformer les pentes trop difficiles à cultiver en pâtures ou prairies permanentes, où l'on ne ferait qu'une coupe. On pourrait suivant les cas les ensemencer en trèfle avec graminées ou en luzerne, et comme la nitrification s'opère bien sur les pentes, la prairie même serait dans d'excellentes conditions pour durer longtemps, pourvu que le sol s'y prêtât, en même temps que le ravinement favorisé par la culture deviendrait impossible par l'engazonnement.

Les portions des vallées ou même des ravins soumises à des inondations périodiques, celles qui sont dans le voisinage des sources, doivent être transformées en prairies, de même que les terres ombragées ou situées dans le voisinage des bois ou au pied des pentes, surtout lorsque le sol s'y prête. Toutes ces terres en effet ne sont point du tout propres à la culture des céréales, et surtout du blé qui y est sujet l'hiver à toute sorte d'accidents, sans compter qu'elles sont fort difficiles à entretenir propres, et que la maturité s'y fait mal. On peut du reste renouveler de temps en temps la prairie, tous les six ans par exemple. On récolterait avoine, betterave et orge, dans laquelle la prairie serait ressemée. Ici il faut nécessairement exclure la luzerne qui a horreur de l'humidité, des givres, des brouillards, et surtout des inondations ; c'est un fait connu des cultivateurs qu'elle dure plus longtemps sur les hauteurs que dans les fonds.

Division. —Je n'entends pas ici seulement parler du morcellement qui est général en France bien qu'à des degrés divers, de sorte qu'il y a quelques pays de grande culture et de culture moyenne, tandis que dans la plupart des provinces, la grande, la moyenne et la petite culture sont mélangées ; je n'entends pas indiquer non plus seulement que les parcelles sont différentes d'étendue, puisqu'en Lorraine il y a des vignes de deux ares et des parcelles cultivées de moins de cinq.

On comprend cependant que ce morcellement doit avoir une grande influence sur l'assolement. C'est ainsi qu'en Lorraine, la plus grande partie des parcelles n'ayant aucun accès sur les chemins, les cultivateurs sont obligés de suivre le même assolement ; ainsi le veut l'usage des lieux ; mais ce n'est pas y déroger que de laisser en luzerne ou en prairie, une partie de ses terres ; et dès lors, les assolements pomme de terre ou betterave, blé, trois années de luzerne ou de prairie, avoine sont applicables ; mais il reste toujours la difficulté d'employer les prairies à tel usage qui leur convient et notamment de les faire pâturer ; on est généralement obligé de faucher la première coupe, au lieu qu'à partir de la moisson le pâturage devient possible ; et il n'y a pas de doute que plusieurs propriétaires pourraient s'entendre pour faire garder leur bétail en commun.

Dans la Normandie et dans l'Ile-de-France les parcelles sont plus considérables et aboutissent généralement sur des chemins : de là plus de liberté pour le cultivateur ; aussi dans ces pays l'usage est-il que chacun dessole ou dessaisonne suivant son bon plaisir.

Mais il y a un point encore plus important à considérer dans la division du sol, c'est l éloignement des parcelles du centre de l'exploitation. Dans beaucoup de communes de la Meuse il y a des terres situées à quatre kilomètres du village qui est situé dans une vallée.

Dans ces terres il faut trois chevaux pour mener dans une journée 4 à 5 000 kilos de fumier, et la conduite du fumier n'est possible que par le beau temps ou par la gelée, elle coûte donc au moins 3 francs par 1.000 kilos, au lieu que dans les terres voisines, elle coûte moins de 1 franc. Or, dans l'assolement de trois ans, des terres pouvant produire 18 hectolitres de blé exigent 20.000 kilos de fumier à l'hectare, et si l'on voulait occuper la jachère, il en faudrait au moins 30.000.

C'est une dépense supplémentaire de.	60 fr.
Autant pour le transport des betteraves.	60
Pour les 7 labours pendant la durée de l'assolement. .	40
Pour le charroi des céréales.	20
C'est un total de.	180 fr.

de dépenses supplémentaires dont plus de 100 francs à imputer à la récolte de betteraves ; or c'est une somme bien supérieure généralement au benéfice que cette récolte peut donner, et les terres éloignées d'un domaine ou d'un territoire ne peuvent par conséquent porter cette récolte. Les céréales, qui ne laissent partout ailleurs qu'un bénéfice insignifiant, donneront certainement de la perte lorsqu'on cultivera le blé sur une jachère complète, surtout si l'on considère que les terres éloignées sont généralement négligées de fumier et de culture.

Il n'y a même pas exception pour un domaine bien entretenu, et quand même le propriétaire s'efforcerait d'y répartir également ses fumiers et ses soins, il resterait toujours que les terres éloignées ne peuvent donner par la culture que de la perte. C'est ce que pensait M. Moll qui condamnait perpétuellement au pâturage les terres situées à plus de deux kilomètres de la ferme. Mais dans les circonstances actuelles il me semble que cette distance est déjà trop grande, surtout lorsqu'il y a dans le voisinage une grande étendue de terres plus faciles à exploiter économiquement. Dès lors toutes les terres un peu éloignées et situées à plus de 1.200 mètres de la ferme doivent être laissées en prairie. Cela n'empêchera pas de les établir avec le plus grand soin, de manière que pendant deux ou trois ans on puisse y faire une bonne coupe. Pendant ce temps les regains seront pâturés d'abord par les vaches, puis par les moutons, et pendant quelques années encore le pâturage se continuera. La prairie sera défrichée au bout de six à huit ans. On y fera une récolte d'avoine à laquelle succèdera une récolte d'orge fumée autant que possible, dans laquelle on ressemera la prairie.

Ainsi, après avoir mûrement examiné le domaine qu'il doit exploiter, tout agriculteur soucieux de ses intérêts doit en faire deux parts. Les terres voisines de la ferme, celles qui sont faciles à cultiver ou accessibles, celles qui sont fertiles devront recevoir tous les fumiers et l'on aura alors le choix de les soumettre à un assolement avec prairies temporaires ou à l'assolement de quatre ans. Toutes les autres terres seront soustraites à la culture pour être consacrées à la production des fourrages si elles peuvent en porter, et dans le cas contraire au pâturage.

CHAPITRE II

DES ASSOLEMENTS QUI CONVIENNENT AUX DIFFÉRENTS CLIMATS

Chaque plante ne réussit bien que sous un climat particulier, et bien que la zone où chacune d'elles prospère soit assez étendue, il y en a parmi celles que nous cultivons qui réussissent mieux au nord : d'autres préfèrent les chaleurs du midi ; quelques-unes aiment les sécheresses de l'est, d'autres ne se plaisent que dans l'humidité des climats marins.

Des plantes de l'assolement de quatre ans que nous avons examiné en détail, la betterave et le trèfle, l'orge et l'avoine, se plaisent mieux au nord qu'au midi ; le trèfle aime la fraîcheur du sol, si intimement liée parfois avec l'humidité du climat ; l'orge et l'avoine, plantes estivales semées en mars et en avril dans le nord, prospèrent bien dans les climats frais où l'humidité ne manque pas à leur végétation. On les sème un mois plus tôt dans le midi, cela ne les empêche pas de souffrir souvent de la sécheresse ; une maturité hâtive diminue quelquefois la récolte de moitié et ne laisse plus au grain que l'écorce. De Gasparin a constaté que souvent la levée de la betterave est mauvaise quand la plante ne souffre pas dans le reste de sa végétation.

J'ai indiqué que c'était là une des causes pour lesquelles l'assolement de quatre ans n'avait pas été pratiqué dans le midi. Ce pays est plutôt celui de la luzerne que du trèfle, et l'assolement de quatre ans, pour y être applicable, devrait être composé d'autres plantes. Il réussirait cependant dans le voisinage du golfe de Gascogne si les landes qui s'étendent fort loin dans les terres, puisqu'elles composent la plus grande partie du département de ce nom, n'exigeaient des plantations spéciales.

Le reste du bassin de la Garonne est composé en grande partie de terres argileuses, et grâce à la ceinture de montagnes épaisses et assez élevées qui l'entourent, à l'altitude plus grande des terres et à la direction des vents dominants, le climat y est moins chaud et plus humide que dans le bassin du Rhône, et la culture s'y rapprocherait de celle du nord ; le blé y réussit parfaitement, la betterave pourrait être avantageusement remplacée par le maïs cultivé comme fourrage ou pour grain ; il est probable aussi que le colza y réussirait parfaitement bien, la féverole y donne de bons produits, mais il faut la semer avant l'hiver ; enfin, à cause de la nature argileuse du sol qui ne contient qu'une très faible quantité de calcaire, le trèfle conviendrait sans doute mieux que la luzerne, bien que devant y donner des produits moins considérables ; il est probable que les assolements suivants réussiraient :

Maïs pour fourrage ou grain, blé, trèfle, blé ou avoine.

Colza, blé, trèfle, blé ou avoine ;

Féveroles, blé, trèfle, blé ou avoine ;

La prairie temporaire y réussirait sans doute aussi en éliminant toutes les espèces de graminées tardives et réduisant sa durée à trois ans, la dernière année seulement et le regain de la seconde consacrés au pâturage. A une altitude inférieure à 500 mètres, la vigne prospérerait sur les versants des côtes bien exposées ; une partie importante de cette région est consacrée à sa culture ; le climat y est du reste parfaitement convenable, plus peut-être que le sol. Enfin la ceinture du bassin ne convient qu'à la création d'herbages à quelques exceptions près. L'élevage y est prospère avec les races de Salers, d'Aubrac et du Limousin.

Peu de pays possèdent un climat aussi varié que le bassin du Rhône sur les parties tant suisse que française : au pied des Cévennes et des montagnes Noires d'un côté, au pied des Alpes et en Provence de l'autre, l'olivier, la vigne et le mûrier donnent leurs plus abondants produits, pendant que la Camargue, voisine de la Méditerranée, nourrit un nombreux bétail presque sauvage. En remontant dans la vallée du Rhône jusqu'à Lyon, le mûrier et la vigne continuent de prospérer, au lieu que dans les vallées des Alpes et des Cévennes le climat plus rigoureux ne permet plus, avec de très grandes différences il est vrai, que la culture des céréales. C'est ainsi que dans le sol léger de la plaine de Vistu et sous le climat chaud des environs de Nîmes, les cultivateurs réussissent avec l'assolement luzerne 4 ans, 3 blés et 1 avoine, sainfoin 4 ans, 4 blés et une avoine, jachère fumée et luzerne ; mais si la réussite a continué depuis la lettre de M. le pasteur Vincent à M. de Dombasle, cela tient sans doute à ce que le sol est extraordinairement riche en potasse, car il serait étrange qu'un cultivateur pût exporter continuellement ses fourrages sans être obligé de rendre à la terre ce qu'il lui enlève.

Dans les vallées des Alpes, dans la Savoie et dans la Suisse romande, surtout dans le canton du Valais, le blé ne mûrit pas partout, la population est réduite à cultiver le seigle et surtout le sarrasin dont la végétation est si rapide. L'orge y réussit aussi pour la même cause, ainsi que la pomme de terre, mais dans ces pays si accidentés la plus grande partie des terres sont laissées en pâturages qui donnent, pendant deux à trois mois, suivant l'exposition et l'altitude, une nourriture très abondante et très recherchée, à tout le bétail de la contrée. La Suisse la première, surtout dans le bassin du Rhin, a donné l'exemple de cette manière d'exploiter le sol qui l'oblige à entretenir l'été un très nombreux bétail. Ce bétail, qui est toujours également soigné et nourri, exige après le pâturage des montagnes une nourriture abondante l'hiver à l'étable; au printemps et en automne le pâturage sous un climat plus doux que celui de la montagne. C'est sans doute pour cette raison que toutes les terres cultivables de la Suisse ont été transformées en prairies sur lesquelles les Suisses mènent tous leurs purins, car ils ne font presque pas d'autres fumiers. L'habitude de couper l'herbe très jeune leur permet de faire deux ou trois coupes très abondantes, après chacune desquelles la prairie est arrosée avec les eaux de la montagne et les purins, et le dernier regain est livré au pâturage ; seules les terres non arrosables sont consacrées à la culture des céréales à peu près exclusivement, car les racines n'entrent pas encore d'une manière suivie dans la ration du bétail. Sans doute il serait préférable de donner aux racines une place dans l'assolement ; peut-être même y aurait-il quelque avantage à réduire un peu l'étendue des prairies en les renouvelant de temps en temps ; mais il faut convenir que les Suisses ont tiré un parti excellent de leur sol qui est partout moyen et surtout perméable, et à cause de cela permet la conservation presque indéfinie des prairies, et qu'ils se livrent à la spéculation qui convient le mieux à leur climat très variable, et généralement humide.

Pourquoi la Suisse française — je n'entends pas ici parler de celle qui parle le français, mais de celle qui est en France, sur les versants des Alpes et en Savoie, dans les vallées du Jura et autour des ballons des Vosges, mais surtout dans le Plateau central de la France, en Auvergne, dans le Gévaudan, dans le Forez, dans la Marche et dans le Limousin, et jusque dans le Morvan — imite-t-elle si imparfaitement le mode de culture si productif de la Suisse? car il n'y a pas de doute qu'avec un climat généralement plus doux, un sol moins accidenté bien que facilement arrosable, elle aurait dû réussir tout aussi bien que les Suisses.

Le nord de la France, et j'entends par là tout ce qui est au nord de la ligne Bordeaux-Lyon, le nord de la France jouit d'un climat tempéré bien qu'encore variable avec les différentes contrées, puisque la maturité des blés diffère de plus d'un mois. Les climats les plus chauds voient mûrir les blés au commencement de juillet ; sous le climat de Paris qui comprend autour de cette ville, sauf du côté de la Brie, un cercle de 15 lieues de rayon, la maturité a lieu vers le milieu de juillet ; en Champagne 4 ou 5 jours plus tard ; dans la Lorraine, dans la Franche-Comté, dans le Nord, dans la plus grande partie de la Normandie, les blés mûrissent du 25 au 31 juillet ; les climats marins, surtout lorsque l'altitude est grande, sont les plus tardifs, en même temps qu'ils sont les plus humides ; et bien que dans le nord de la France on cultive les céréales, le Cotentin, le Lieuvin, la vallée d'Auge ont trouvé plus avantageux de se livrer à la spéculation du bétail, tandis que la plaine de Caen fait du blé.

Si nous voulions absolument diviser plus méthodiquement les sols du nord de la France d'après leurs climats respectifs, nous dirions que les climats marins et le département du Nord conviennent spécialement à l'assolement de quatre ans ou aux assolements avec prairies temporaires. Ici le maïs-fourrage conviendrait comme tête d'assolement et donnerait sans doute des produits supérieurs à la betterave ; le trèfle convient aussi bien que la betterave.

Sous le climat spécial de Paris tous les assolements conviennent, aussi bien ceux avec luzerne que l'assolement de quatre ans, ou les assolements avec prairies temporaires.

Dans l'est de la France, les sécheresses durent quelquefois assez longtemps pour que la végétation du trèfle en souffre dans les sols secs ; dans les autres au contraire, comme dans la Woëvre et dans les argiles du pied des Vosges, la luzerne ne réussirait sans doute pas ; il faudrait donc ici suivre l'assolement de quatre ans avec la betterave ou la pomme de terre comme tête d'assolement, à cause des gelées tardives et précoces qui font le plus grand tort au maïs.

L'Irlande est non seulement entourée de tous côtés par la mer, mais baignée en plus par le courant chaud du golfe du Mexique, de même que le nord de l'Ecosse et la Norvège ; aussi depuis le mois d'octobre jusqu'à la fin de mai cette île est-elle couverte de brouillards. La période que nos révolutionnaires ont appelée Brumaire et à laquelle ils ont assigné la durée d'un mois occupe plus de la moitié de l'année en Irlande, mais en revanche la neige et les frimas sont inconnus ; Germinal dure toute l'année et c'est à peine si Messidor existe. C'est un pays appelé par ses habitants *Erin*, c'est-à-dire vert. Avec un pareil climat on peut s'étonner que ce peuple laborieux, mais toujours pressuré, se livre autant à la culture, alors que l'exploitation par les prairies lui procurerait tant d'aisance, sous un climat où l'humidité rend la culture si difficile et la moisson si précaire. Mais l'Anglais est là, l'Irlandais n'est le maître ni de son sol, ni de sa culture ; c'est une sorte de bœuf et ce n'est pas pour eux que les bœufs traînent la charrue.

L'Angleterre, avec un climat un peu moins favorable que l'Irlande, mais encore très humide, très brumeux et très égal, exploite son sol fertilisé depuis longtemps à l'aide des assolements avec prairies temporaires ; aucun ne conviendrait aussi bien au climat, aucun ne serait aussi productif. Les Anglais cultivent comme récolte sarclée les turneps semés en juillet ; la betterave qui végète moins vite n'est pas aussi favorable parce qu'il faudrait la semer au plus tard à la fin de mai, et que les cultivateurs anglais sous leur climat humide ne trouveraient pas un temps assez favorable pour nettoyer complètement leurs terres. Le blé succède aux turneps, on le sème de décembre à février pour le récolter en août et septembre ; la prairie vient ensuite, semée de la manière que j'ai décrite plus haut : la première année c'est un trèfle dont le rendement atteint 10.000 kilos à l'hectare, et la terre est ensuite laissée deux ou trois ans en pâturage pour recevoir enfin de l'avoine d'hiver. La pratique générale de cet assolement s'est développée dans les cinquante dernières années ; mais il y avait longtemps, avant cette époque, qu'un assolement parfaitement en rapport avec le climat et le sol, l'assolement de quatre ans, était universellement pratiqué. Aujourd'hui la transformation de la culture anglaise est presque achevée ; ce pays qui dans le commencement de ce siècle trouvait difficilement à s'approvisionner de blé, en reçoit aujourd'hui de tous les pays du monde ; il ne s'occupe plus guère que de la production de la viande dont la consommation est plus considérable que partout ailleurs, au point que son énorme production y suffit à peine.

Avec un climat plus sec, plus froid et même rigoureux en hiver, et beaucoup plus chaud en été, c'est-à-dire beaucoup plus favorable à la maturation des récoltes, l'Autriche et l'Allemagne du nord s'adonnent à la production de la betterave à sucre et des grains, spéculation nouvelle au moins en ce qui concerne la betterave à sucre, mais qui grâce à un mode de culture spécial leur a réussi d'une manière remarquable dans ces dernières années, au point que leurs importations ont pu ruiner presque la culture sucrière du nord de la France. Leur procédé consiste essentiellement à donner à la betterave tout l'acide phosphorique dont elle a besoin pour que la maturation se fasse régulièrement et complètement, et à ne lui donner en azote et en potasse qu'une quantité réduite, mais parfaitement assimilable ; on arrive à ce résultat en fumant abondamment la récolte qui précède la betterave et en donnant à la terre en hiver 40 à 50 kilos d'acide phosphorique soluble sous forme de superphosphate. Or il est certain qu'avec l'assolement alterne du nord de la France, betterave-blé, il serait très difficile ou même impossible de mener le fumier après l'enlèvement des betteraves avant de semer le blé ; la terre ne se trouverait pas non plus dans un état satisfaisant, elle serait ou soulevée par le fumier ou tassée par la pluie, et la nitrification ne s'opérerait pas bien. En Autriche et en Allemagne où les gelées sont beaucoup plus précoces et plus rigoureuses qu'en France, il semble encore plus difficile que le fumier soit mené avant la semaille des blés ; aussi il est probable que le blé d'automne est remplacé par le blé de printemps, l'orge ou même l'avoine.

CHAPITRE III

DES CONDITIONS ÉCONOMIQUES DONT IL FAUT TENIR COMPTE
DANS LE CHOIX DE L'ASSOLEMENT

Les conditions économiques, et j'entends par là toutes celles qui ne tiennent ni au sol ni au climat, sont loin d'avoir toutes la même importance pour le choix de l'assolement.

Les plus importantes de toutes sont les qualités du maître et son capital d'exploitation. Sur une petite culture il faut un capital relativement plus grand, parce que le capital-matériel est beaucoup plus considérable : c'est ainsi que pour exploiter 100 hectares il ne faut pas deux fois plus de matériel que pour en exploiter 25. Il est certain qu'en France l'exploitant propriétaire a souvent un capital raisonnable et que, dans tous les cas, il pourrait, grâce à sa qualité de propriétaire, se le procurer par un emprunt avantageux ; mais il est certain aussi que le fermier, surtout le petit fermier manque la plupart du temps des ressources nécessaires pour réussir dans son exploitation ; un propriétaire entreprenant et instruit aurait dès lors intérêt, si les mœurs du pays ne s'y opposaient pas, à exploiter par métayer ; il serait alors le maître de l'assolement et du régime de l'exploitation, avantages inappréciables surtout pour l'avenir de son domaine.

Quoi qu'il en soit, celui qui exploite en qualité de fermier ne peut mener à bien son entreprise s'il ne possède au commencement au moins deux cent cinquante francs par hectare pour une ferme de cent hectares. Avec une ferme de moins de 40 hectares il faudrait sans doute 350 francs par hectare.

Mathieu de Dombasle pense que l'adoption d'un assolement alterne exige un capital plus considérable ; c'est là sans doute un point incontestable si l'assolement adopté comprend des racines ou des pommes de terre et si la sole de trèfle n'est pas augmentée ; mais dans le cas de l'assolement de quatre ans, qu'il est toujours possible d'adopter, au moins provisoirement, sur un domaine négligé jusquelà, il est bien certain que le capital exigé n'est pas sensiblement plus considérable. L'assolement de quatre ans permet en effet d'économiser deux chevaux et un domestique ; soit 1.000 fr. pour l'homme,

650 fr. pour l'avoine, 300 fr. pour les semences et autant pour la récolte. C'est un total de 2.100 fr. qui, avec le prix de vente de deux chevaux, permettra d'acheter une dizaine de grosses bêtes, c'est-à-dire à peu près ce qu'il faut pour consommer le fourrage supplémentaire produit sur un domaine de 100 hectares de fertilité médiocre.

Mais le cultivateur qui adopterait résolûment l'assolement avec prairie temporaires n'aurait même pas besoin d'un capital aussi considérable. Or cet assolement est avantageux, même quand on ne pourrait créer tout d'abord que des prairies médiocres, étant admis que ces prairies donneront toujours, pâturées, un petit bénéfice, au lieu qu'une terre qui ne rapporte pas 18 hectolitres à l'hectare donne toujours une perte. Dès lors si l'assolement adopté est : betterave ou jachère, blé, trèfle, 4 années de prairie, avoine qui ne laisse que 50 hectares à cultiver, un capital de 15.000 fr. suffit largement pour cette culture y compris le bétail ordinairement nécessaire ; et il faut à peu près six à sept mille francs pour acquérir le bétail destiné à consommer l'herbe des prairies ; c'est donc un total de 22.000 fr. au lieu de 25.000.

Mais l'adoption de cet assolement a encore un autre avantage : dans l'assolement de trois ans, 1/3 du capital est employé en acquisition de matériel y compris les chevaux, 1/3 en fonds de roulement, 1/3 seulement en bétail ; dans l'assolement de quatre ans, la moitié du capital est en bétail ; enfin dans l'assolement avec prairies temporaires 4/7 sont employés en bétail. Or ce n'est pas là un avantage minime, car le matériel est déprécié de 1/5 dans chacune des deux premières années de l'exploitation et ensuite de 1/10 à 1/20 par an suivant les soins qu'on lui donne. Le fonds de roulement subit toujours aussi une diminution au bout d'un bail, au lieu qu'il arrive le plus généralement que le bétail se vend bien ; dans tous les cas il représente pour le propriétaire et les tiers la meilleure garantie de leurs créances ; celui qui ne dispose que d'un petit capital ne doit donc pas hésiter à adopter l'assolement avec prairies temporaires.

Celui qui dispose d'un capital plus considérable a le choix d'un assolement alterne quelconque ; mais on ne peut entreprendre la culture betterave-blé, à cause des soins que cet assolement exige, si l'on ne possède au moins 1.000 fr. par hectare ; un pareil assolement ne peut être adopté que lorsque les débouchés et les prix de vente des produits le rendent très rémunérateur.

Mais il exige, pour être pratiqué avantageusement, que le maître ait de singulières aptitudes : beaucoup de science agricole pour employer les engrais et ne donner au sol que ceux dont il a surtout besoin, beaucoup d'ordre pour soigner un matériel considérable, beaucoup d'activité pour faire exécuter en temps opportun les travaux nécessaires pour les semailles et les récoltes, beaucoup de fermeté et en même temps d'affabilité pour tirer bon parti d'un nombreux personnel et s'en faire obéir et respecter tout en s'en faisant aimer. Si un maître n'a pas toutes ces qualités, il fera sagement de choisir un autre assolement que l'assolement betterave-blé. Les autres assolements alternes n'exigent pas cet ensemble de qualités au même degré. L'assolement de trois ans, lorsqu'une partie importante de la troisième sole est réservée aux betteraves, exige encore beaucoup du maître, et il n'est pas douteux que les assolements avec prairies temporaires ne soient les plus faciles à pratiquer. Le plus difficile sera sans doute de faire entrer cette vérité dans l'esprit des cultivateurs praticiens.

C'est un fait d'expérience que la plus rare des connaissances est la connaissance de soi-même : il est donc rare que le cultivateur, dans le choix de son assolement, tienne compte de ses qualités personnelles ; il semble dès lors que ce soient tout d'abord les prix des denrées qui doivent le fixer. Or les prix, sur lesquels il n'a jamais eu qu'une minime influence, échappent complètement aujourd'hui à son action ; les marchés régulateurs sont hors de France pour les grains, le sucre et les laines ; la viande seule nous reste, et son prix est loin d'être entre les mains du producteur seul, puisqu'en 1885, la consommation ayant baissé d'un quart, les prix de vente ont pareillement baissé d'un cinquième, et les cultivateurs ont eu beaucoup de peine à écouler leurs produits. Je sais bien que dans ces dernières années en particulier la culture du blé s'est perfectionnée par l'emploi de semences d'élite et d'engrais appropriés ; je sais bien que la culture de la betterave s'est transformée ; mais ces perfectionnements et transformations sont loin d'être encore généraux en France; et dès lors, avec les cours actuels, la culture continuera de s'appauvrir par la production du blé dans toutes les contrées où les rendements seront inférieurs à 15 ou 20 hectolitres, surtout avec l'ancien assolement. Avec l'assolement de quatre ans, les frais de production sont réduits à peu près d'un quart, les rendements s'élèveront probablement d'un cinquième, la culture du blé, sans être rémunératrice, cessera au moins d'être ruineuse ; mais avec la prairie temporaire, les rendements augmentent encore, puisque tous les fumiers sont menés sur les terres en culture ; et dès lors le blé peut, avec les prix actuels, donner sur les terres médiocres un petit bénéfice. Mais je vais plus loin ; dans les circonstances les plus favorables, c'est-à-dire avec un droit de douane de 5 francs imposé à l'entrée sur les blés étrangers, le blé n'atteindrait certainement pas 27 fr., c'est-à-dire le prix moyen auquel il s'est vendu pendant les vingt dernières années qui ont précédé la crise actuelle ; or à ce prix la production du blé est encore onéreuse avec l'ancien assolement dans toutes les terres médiocres, c'est-à-dire dans la plus grande partie de la France, et M. Moll proclamait cette vérité en 1873, à une époque de cherté, en indiquant comme remède la création de pâtures temporaires. Ajoutez qu'il y a des pays où les marchés sont éloignés, où les communications sont difficiles ; si le transport des denrées exige deux journées de route, si un cheval ne peut pas en mener plus de cinq à six quintaux dans les pays accidentés au lieu d'en mener 15 quintaux comme en Brie, le prix de revient du quintal peut se trouver augmenté de 1 fr. 50. C'est une raison d'adopter dans ces pays les assolements avec prairie temporaire.

Dans les domaines situés à proximité d'une ville, la facilité des communications et la possibilité de vendre avantageusement les légumes frais, le lait et la viande, et de se procurer à bon compte des déchets de ménage qui peuvent servir d'engrais ou des résidus de fabrication que l'on peut employer à l'engraissement des bestiaux, indiquent au cultivateur le choix d'un assolement plus épuisant, mais aussi beaucoup plus productif. L'assolement de quatre ans convenablement modifié est incontestablement plus avantageux que les assolements avec prairies temporaires. On pourrait adopter l'assolement suivant :

1° Sole légumes, choux, salades, pommes de terre, haricots, destinés à être vendus en ville, avec maïs comme récolte intercalaire partout où cela sera possible.

2° Avoine, trèfle.

3° Trèfle et ray-grass.

4° Avoine.

5° Betteraves fourragères ou sucrières s'il y a lieu.

6° Blé ou avoine avec trèfle.

7° Avoine.

Dans le voisinage des villes, l'avoine, qui rapporte souvent 1/4 en plus que le blé, se vend souvent presque aussi cher dans les maisons particulières ; d'autre part les bouchers, pour éviter des frais de déplacement coûteux, préfèrent prendre dans leur voisinage la viande en la payant jusqu'à 5 cent. de plus par livre ; quant au lait il vaut facilement le double de ce que les cultivateurs peuvent le vendre aux fromagers. Dans ces conditions, il est avantageux de surmener les bêtes en leur donnant tout ce qu'elles peuvent manger pour en avoir le plus de lait possible et les vendre aussitôt qu'elles sont grasses.

C'est à l'écurie qu'il faut les nourrir, soit avec du vert, soit avec des fourrages ensilés, des betteraves ou des résidus ; ici l'élevage et par conséquent la prairie ne conviennent pas.

Si le maître est à peu près sans action sur les prix de vente et les débouchés, il exerce au contraire une influence considérable sur la main-d'œuvre. Celle-ci doit, il est vrai, entrer en ligne de compte dans le choix de l'assolement, mais elle est loin de le décider. Aujourd'hui, dans le nord de la France, la main-d'œuvre, surtout indigène, est très rare, les cultivateurs sont souvent obligés de recourir aux Belges, pour le sarclage des betteraves et pour la moisson. Dans l'est, on trouve sur place des moissonneurs ; mais les betteraves restent quelquefois en souffrance faute d'ouvriers, les hommes s'occupant généralement à la vigne pendant l'été, quand ils ne sont pas employés par les usines ; cette circonstance oblige à réduire un peu la sole de cultures sarclées. Quoi qu'il en soit, il y a lieu de considérer dans la main-d'œuvre la rareté, la cherté, l'habileté et la moralité. La rareté fait souvent la cherté, mais la cherté ne vient pas toujours de la rareté, elle vient le plus souvent de la concurrence que l'industrie fait à l'agriculture, et si la rareté est toujours un mal parce qu'elle expose le cultivateur à laisser les récoltes en souffrance faute de bras, il n'en est pas de même de la cherté, parce que les forts salaires attirent souvent les bons ouvriers. Or c'est une grave erreur de croire que l'habileté des ouvriers n'a pas la même importance en culture que dans l'industrie ; c'est précisément au contraire parce que le travail des champs est de sa nature très varié, qu'il exige des ouvriers intelligents et habiles. Mais un maître ferme, intelligent et juste n'aura pas de peine, lorsque la main-d'œuvre est abondante, à choisir ses ouvriers parmi les plus adroits et, lorsque les ouvriers sont inhabiles, il dressera aisément ceux qui ont bonne volonté, pourvu toutefois que les mœurs et les habitudes du pays ne s'y opposent pas, surtout pour les domestiques. Or, il est certain qu'il y a des contrées en France, la Lorraine par exemple, ou l'habitude de louer le domestique au mois a fait de lui un rouleur, pour parler son langage pittoresque, et rouleur veut dire à la fois homme qui change de place et qui aime le plaisir, deux conditions également mauvaises dans toute culture, mais plus encore dans toute culture perfectionnée sans prairie temporaire. La facilité de la main-d'œuvre doit donc avoir une influence sur l'assolement. Si les ouvriers sont rares et changeants, l'assolement avec prairie temporaire convient mieux ; s'ils sont chers, mais habiles, on ne court pas au-devant d'un échec avec les assolements alternes, surtout s'ils sont en même temps soumis et respectueux, ce qui est moins rare qu'on ne croit, ainsi qu'on pourrait le voir dans le nord de la France. Les ouvriers malhabiles sont quelquefois difficiles à dresser, mais il est rare qu'un maître persévérant n'en vienne pas à bout, et comme on les rencontre ordinairement dans les pays où la culture n'est pas assez avancée, c'est-à-dire là où la terre n'est pas assez fertile, il est avantageux de les dresser pendant que le domaine est soumis à l'assolement avec prairie, le seul qui soit profitable dans son état initial.

La rente de la terre, les impôts qu'elle supporte sont généralement en rapport avec son état de fertilité. Un domaine à faible rente s'accommode parfaitement de l'assolement avec prairie temporaire, c'est même le seul qui lui convienne. Les domaines à rente élevée étaient généralement exploités d'après un autre assolement jusqu'à ces dernières années. Aujourd'hui l'engouement pour les cultures à grand produit brut commence à faire place au découragement; la prairie temporaire gagne du terrain; mais en même temps une idée fausse a commencé à s'accréditer parmi les cultivateurs, qui finissent par croire que la prairie temporaire exige à la fois un sol très propre et très riche, au lieu que l'herbe est certainement, de toutes les productions du sol, celle qui s'accommode le mieux d'une culture et d'une fertilité médiocres. Ce serait un malheur pour notre pays qu'une pareille opinion fît des progrès, car elle rendrait impossible l'amélioration des domaines de peu de valeur.

CHAPITRE IV

APPLICATION DES PRINCIPES QUI PRÉCÈDENT

Il me semble que je serais incomplet et peu intéressant si je ne faisais voir par un exemple comment les principes qui précèdent sont applicables aux conditions variées des exploitations diverses. Je suis obligé de m'excuser de choisir ma ferme, car je vais être obligé de parler de moi et je sais que le moi est haïssable. Mais sans croire le moins du monde y avoir mieux résolu qu'ailleurs les difficultés qui se présentent dans l'exploitation d'un domaine, tout en reconnaissant au contraire que sur bien des points, soit par ignorance, soit par négligence, soit par manque de persévérance, j'ai commis des fautes qui m'ont été très préjudiciables, il faut bien que je fasse remarquer que je connais ma ferme mieux que toute autre, ajoutant que le système de culture qui y est suivi aujourd'hui, commence à me donner satisfaction.

La ferme de Jovillers est située dans l'arrondissement de Bar-le-Duc, aux confins de l'ancienne Lorraine et au point où ses calcaires commencent à s'enfoncer sous les couches alternatives de sable et d'argile du Perthois, dans le voisinage des carrières de Savonnières et sur la ligne de partage des eaux de la Saulx et de la Marne.

Sa forme générale est celle d'un rectangle dont les deux plus grands côtés, dirigés du nord-est au sud-ouest, sont bordés de bois. Le corps de bâtiments, qui se trouve au milieu, a un tiers de la longueur des grands côtés et à peu près à égale distance des deux. A l'exception d'un chemin vicinal que l'administration entretient tant bien que mal, les autres ne peuvent servir que lorsqu'il fait sec. Enfin les marchés de Saint-Dizier et Bar-le-Duc sont à une distance de 22 kilomètres, et la fromagerie de Stainville à 4 kilomètres.

Depuis l'ouverture des carrières de Savonnières, c'est-à-dire depuis une trentaine d'années, la culture s'est trouvée privée de ses ouvriers les plus intelligents et les plus laborieux, attirés par les salaires élevés de 6 à 8 francs qu'un bon carrier est capable de gagner. Les journaliers sont à peu près introuvables, excepté pendant la moisson, les garçons de charrue (1) n'existent pour ainsi dire plus dans le pays, le cultivateur est réduit à employer des rouleurs. Les bergers et les marquaires sont moins rares, plus habiles et généralement plus fidèles, grâce au voisinage de la Lorraine allemande, de l'Alsace et de la Suisse. La rente de la terre est de 50 francs par hectare.

Un grand nombre de cultivateurs du pays, petits ou grands se livrent à l'engraissement; ils achètent des vaches pleines au printemps, livrent le lait aux fromageries qui sont très nombreuses dans le pays, pendant l'automne et l'hiver, et revendent leurs vaches grasses pendant le printemps et l'été. Avec une telle spéculation, l'élevage suffit à peine à la production des bêtes adultes de bonne bualité qui sont toujours recherchées et généralement chères. Dans ces conditions, l'élevage bien entendu est une spéculation pour le moins aussi avantageuse que l'engraissement.

Le sol de la ferme est composé pour 1/4 de sable et pour 1/2 de terres franches, à sous-sol plus ou moins imperméable, de sorte que ces terres sont presque toujours fraîches. L'autre quart est composé d'argiles mélangées quelquefois de pierrailles; mais ici le sous-sol, presque entièrement composé de pierres de taille sous une couche argileuse très mince, est absolument perméable, de sorte que cette troisième catégorie de terres, bien que beaucoup plus difficile à cultiver que les autres, est cependant beaucoup plus sèche. Il y a peu de calcaire dans le sol, excepté dans les terres de la troisième catégorie qui se trouvent généralement sur les revers, et dans le 1/3 de la ferme le plus éloigné des bâtiments d'exploitation. A mon entrée en 1877, la ferme était en très mauvais état de culture et d'engrais; le fermier sortant, après avoir, pendant un bail de 27 ans, beaucoup amélioré, avait ensuite tiré le plus possible du sol au point de faire tort même à sa bourse; les terres qu'il laissa ensemencées en blé ne rapportèrent pas, dans une année favorable comme 1877, plus de 13 hectolitres à l'hectare. On aura enfin une idée complète des conditions de l'exploitation-culture, si l'on imagine que le fermier entrant était un ingénieur de 25 ans, très ignorant des hommes et des choses de la culture.

C'était le cas ou jamais de suivre les conseils de M. Moll. Tout conspirait à m'y engager, mon inexpérience d'abord, l'état de la ferme, l'humidité naturelle du sol si favorable à la production de l'herbe, si contraire à la production du blé, qui est telle que, dans cette année 1885, le bétail n'a jamais manqué de pâture, l'avantage d'élever plutôt que d'engraisser, le mauvais état des chemins d'ex-

1. Ils deviennent moins rares aujourd'hui à cause de la crise industrielle.

ploitation, enfin la rareté de la main-d'œuvre ; heureux si je n'avais entendu que ces leçons. Malheureusement j'avais vu d'autres domaines fort bien tenus, mais exploités d'après un système tout autre ; j'avais entendu émettre sur les assolements et les spéculations agricoles des opinions fort discordantes, et bien que la méthode de M. Moll me parût fort raisonnable, je suivis ce que j'avais vu plutôt que d'écouter ce que j'avais entendu.

Or, si bien des points dans la théorie de la culture me paraissaient contestables, j'étais très certain que les assolements alternes, et notamment celui de quatre ans, étaient très supérieurs à l'assolement de trois ans. C'est donc celui-là que j'adoptai ; mais pour supprimer la jachère et ensemencer toutes mes terres (135 hectares) ainsi que j'en avais l'ambition, il me fallait fumer 35 hectares, puisque la ferme ne possédait pas à mon entrée un hectare de luzerne. J'avais en outre à compléter par des vesces la sole de trèfle, puisque mon prédécesseur ne m'en laissait que 12 hectares. Il est vrai que, par compensation, je recevais 42 hectares de céréales d'automne, et que je semais en 1877, 35 hectares de céréales de printemps. Néanmoins il me fallut laisser de force 20 hectares en jachère et une partie dut être semée en seigle sans fumier à la campagne suivante.

Ce fut encore pis en 1879, malgré la réussite de 5 hectares de luzerne, car je n'avais pas pu semer en 1877 plus de 10 hectares de trèfle, mon prédécesseur ayant défriché 21 hectares de trèfle et minette pour ensemencer les blés qu'il me laissait. Il me restait donc à cultiver 120 hectares de terres, la plupart très sales. Je remplaçai la plus grande partie du trèfle manquant par des vesces, mais il me fallut encore laisser une vingtaine d'hectares en jachère. Pour augmenter les difficultés, l'année 1878 fut très humide : les betteraves semées dans les terres médiocres réussirent mal, l'herbe me gagnait et le fumier me manquait, bien que j'eusse 10 chevaux et 45 têtes de gros bétail à l'engrais. En voulant cultiver 135 hectares dans l'état où j'en prenais possession, j'avais fait plus que force. Pour réussir, il m'aurait fallu avoir un capital plus considérable, une connaissance complète du métier.

Néanmoins je n'abandonnai pas mon assolement : j'avais semé en 1878, 22 hectares de trèfle qui étaient très bien réussis, j'avais 6 hectares de luzerne ; j'étais obligé, il est vrai, de semer au moins 70 hectares de céréales pour n'avoir pas trop de jachère et mes terres étaient sales, mais il m'en coûtait d'admettre que je m'étais trompé sur les qualités de l'assolement de quatre ans, ou mieux sans doute, que je m'étais exagéré ma valeur agricole.

Que d'insuccès j'aurais évité en effet si, au lieu d'adopter sur une ferme délabrée un assolement qui demande en définitive un domaine dans un état au moins moyen, j'avais semé des prairies dans tous

les blés laissés par mon prédécesseur en réservant seulement
10 hectares de trèfle. J'aurais eu dès lors 10 hectares de trèfle, 5 de
luzerne et 30 de prairies. J'aurais pu ensemencer encore en prairie
une partie de mes jachères de l'année : c'était plus de 50 hectares
soustraits à la culture, dont 40 en prairie, qui auraient entretenu les
deux tiers de l'année un troupeau de 500 moutons. C'était la suppression des chances de revers qui sont beaucoup plus considérables
dans la culture des céréales sur de mauvaises terres froides que sur
tout autre sol.

Avec 8 chevaux seulement, la culture du reste de la ferme devenait
facile et productive puisqu'il ne restait plus à cultiver tous les ans que
80 hectares qui auraient reçu tous les fumiers. Mais même lorsque les
fautes commises sont évidentes, les yeux ne s'ouvrent pas de suite à
la lumière. Je continuai donc deux ans encore les mêmes errements ;
mais comme décidément la réussite de la luzerne était très incertaine,
qu'elle exigeait des terres parfaitement cultivées et propres, je semai
en 1879, outre 22 hectares de trèfles dans les blés, 8 hectares de
prairie dans les avoines, qui réussirent très convenablement. Les
deux années qui suivirent, je semai 6 hectares de prairie et je diminuai
sensiblement la quantité de trèfle. J'étais enfin instruit et je recon-
naissais que l'assolement de quatre ans n'avait pas donné les résultats attendus, parce qu'il avait été mal pratiqué.

Il y avait eu cependant amélioration pendant cet intervalle et cette
amélioration était bien positivement due à l'assolement.

En 1877, 35 hectares de blé   rapportaient 330 quintaux.
         28   —   d'avoine   —   200   —
En 1882, 26   —   de blé   —   260   —
         23   —   d'avoine   —   450   —

Avec 8 hectares de betterave, 40 hectares de luzerne, trèfle et
prairie, la ferme entretenait facilement 300 moutons, 30 têtes de
gros bétail et 8 chevaux. Mais les terres éloignées et de difficile
accès restaient décidément en souffrance avec l'assolement de quatre
ans. Elles recevaient rarement du fumier. Elles étaient insuffisamment
cultivées, parce qu'elles donnaient tous les ans de la perte, elles
restaient sales et pauvres. Dans cet état elles auraient sans doute
continué d'absorber et au delà les bénéfices de la partie mieux cultivée et plus fertile, je me décidai alors en 1882 à transformer en
prairies les 40 hectares de terres trop éloignées du centre de l'exploitation. Cette transformation, très avancée en 1882, fut achevée
en 1883. Mais les prairies semées en 1882 dans des blés ou des
avoines réussirent très bien, au lieu que celles de l'année suivante
furent très médiocres. Quelle que fût leur qualité, c'étaient 40 hec-

tares de terre soustraits à la culture, mais ces prairies purent en général donner pendant deux ans une coupe de 2 à 3.000 kilos à l'hectare. Le regain fut consacré au pâturage des moutons ainsi que les parties mauvaises des premières coupes.

Les 95 hectares qui restaient sont soumis théoriquement à l'assolement suivant :

Betterave, blé, 3 années de prairie, avoine.

Mais en pratique, je défriche les plus mauvaises prairies sans m'astreindre à conserver les soles théoriques.

Les 6 chevaux que j'ai conservés suffisent pour cultiver aisément les 50 hectares qui restent ainsi en culture, et défricher les plus mauvaises prairies dans les 40 hectares de terres qui ne sont plus cultivées. C'est ce que j'ai commencé à faire cette année, défrichant 8 hectares de mauvaises prairies, dont la moitié n'aura duré qu'un an. Elles ont donné, il est vrai, des avoines médiocres, mais j'y sèmerai cette année des orges avec les soins nécessaires pour en obtenir une récolte ordinaire qui sera suivie d'une nouvelle prairie, celle-là sans doute suffisamment réussie.

Ainsi c'est en tout 60 hectares de terres qu'il me reste à cultiver chaque année ; toutes les terres sont emblavées et la jachère a complètement disparu. Il est certain que lorsque ce nouveau régime sera bien établi et que toutes les mauvaises prairies seront remplacées par des bonnes, la ferme entretiendra facilement 135 têtes de gros bétail, soit 1 bête par hectare. Cette année elle a entretenu en moyenne 400 moutons, 54 bêtes à cornes, soit, avec les chevaux, un total de 100 bêtes, au lieu qu'en 1882 elle n'entretenait que 80 bêtes et en 1879, 60 avec une importation de 10.000 kilos de tourteaux.

Je veux maintenant comparer les deux systèmes au point de vue économique pendant l'année 1882, la dernière et la meilleure de celles où j'ai suivi un assolement libre intermédiaire entre celui de trois ans et celui quatre ans, année d'abondance du reste, avec l'année 1885, année ordinaire pour la France et la première où le nouveau régime est à peu près complètement établi.

	1882		PRODUITS	1885	
			Rendements		Rendements.
Blé.	26 Hectares		260 quint.	15.5 Hectares	210 quint.
Avoine.	33		450	25	300
Bétail de rente.	62 têtes à 160 fr.		9.920 fr.	94 têtes à 160 fr.	15.040 fr.

D'autre part la culture exigeait en 1882, 3 chevaux supplémentaires consommant annuellement 40 quintaux d'avoine, il fallait en plus pour les semailles 10 quintaux d'avoine et 12 de blé.

Les différences de production en faveur de 1882 étaient donc seulement :

Blé,	38 quintaux à 21 fr.	800 fr.
Avoine, 100	— à 16 fr.	1.600 fr.
		2.400 fr.

Il fallait encore en plus un homme à l'année coûtant 1.000 francs. La dépense de moissonnage pour 20 hectares était de 500 francs ; les frais généraux supplémentaires étaient de 300 francs, de sorte que le produit net en céréales était en 1882 de 600 francs supérieur à celui de 1885. Ainsi qu'en 1885 la ferme a produit en réalité (15.040 — 9.920) — 600,

soit : 5.120 — 600 = 4.520 francs

de plus qu'en 1882. C'est là certainement un résultat très appréciable surtout si l'on songe que 1885 est une année ordinaire, au lieu que 1882 est une année d'abondance.

Or il est certain qu'il s'améliorera dans les années qui suivront. Avec 100 têtes de gros bétail, en élevant et en tenant compte des excrements laissés par les bestiaux au pâturage on obtiendra par jour au moins 1.800 kilos de fumier, soit 650.000 kilos par an. Or, dans la partie soumise à l'assolement avec prairie temporaire, 12 hec. 50 devront recevoir chaque année 45.000 kilos de fumier, soit 560.000 kilos, et avec cette quantité et la fertilité laissée par le pâturage des deux dernières années les récoltes de céréales et de betteraves iront en augmentant. Les 100.000 kilos de fumier qui restent seront employés à améliorer chaque année 4 ou 5 hectares parmi les 40 qui forment la deuxième partie de l'exploitation, de sorte que cette deuxième partie elle-même s'améliorera nécessairement par le pâturage et par l'engrais. Et il ne semble pas exagéré d'admettre qu'au bout de peu d'années, les rendements moyens de 18 à 20 quintaux de céréales à l'hectare seront atteints et que la production fourragère sera largement suffisante pour entretenir une tête de gros bétail à l'hectare.

CHAPITRE V

ASSOLEMENTS LIBRES. — CONCLUSION

J'ai assez fait voir dans ce qui précède qu'il n'est généralement pas possible de soumettre un domaine à un assolement fixe. Quand la situation des terres, la grandeur des pièces, un sol peu varié le permettraient, les conditions matérielles de la culture s'y opposent souvent. Les plus variables parmi elles sont les conditions météorologiques ; rien de plus variable chaque année, chaque mois, chaque jour, et le cultivateur industrieux qui profite toujours des belles journées est cependant souvent à la merci du mauvais temps, qui a la plus grande influence sur l'état physique des terres. Si la pluie favorable exalte la fertilité de la terre en dissolvant les engrais, des pluies de très longue durée les font passer dans le sous-sol, ne permettent pas de donner au sol les façons nécessaires par un temps favorable et, à l'époque des semailles, elles transforment en mortier les terres fraichement labourées, elles les tassent et, lorsque la sécheresse vient ensuite, la terre durcit ; ce n'est plus un réservoir d'humidité et de fertilité sur lequel les agents atmosphériques peuvent exercer leurs influences, c'est un sol qui ne laisse prospérer que le chiendent et les mauvaises herbes. Voilà une terre déjà sale qui a produit une avoine sur trèfle semée dans les conditions que je viens d'indiquer, il est certain que le sol, après l'enlèvement de la récolte, est dans de très mauvaises conditions pour porter une récolte de betteraves ; ce n'est que par un supplément de culture que l'on parviendra à la mettre en état de les recevoir ; or il est clair qu'il peut être impossible de donner ces façons en temps opportun. D'autres fois la gelée détruit les récoltes, la grêle frappe ses coups imprévus, il faut ressemer les champs de blé en avoine et en orge quand il en est temps, plus tard en betteraves, en navets, etc. Il faut conclure de là, que, s'il est toujours nécessaire de choisir un assolement, il est souvent indispensable de s'en écarter pour demander au sol les récoltes qu'il peut porter, plutôt que celles qu'il devait porter. L'assolement primitif, avec ces changements nécessaires en certains cas, devient alors un assolement libre.

L'adoption d'un assolement libre convenable en tout temps à cause des accidents atmosphériques est absolument indispensable au commencement d'une entreprise agricole. Ici, en effet, les accidents atmosphériques sont secondaires ; les mécomptes auxquels ils peuvent donner lieu sont sans importance, comparés à ceux qui proviennent de l'ignorance des qualités du sol, du stock d'engrais qu'il contient, de sa richesse relative en azote, en phosphate et en potasse, enfin souvent de l'insuffisance des attelages et des engrais. J'ajoute que l'assolement nouveau s'écarte presque toujours de l'assolement ancien, et cette transformation seule, nécessite l'adoption d'un assolement libre. J'accorde que ce n'est pas une méthode, moins encore un système d'exploitation ; mais c'est un expédient qui a une importance majeure, puisque d'un changement opportun dans l'assolement dépend souvent l'avenir de la récolte.

Il est temps maintenant de résumer ce travail et de conclure. Nous avons étudié dans la première partie la fertilité des terres et nous avons reconnu qu'elle dépendait surtout de la quantité d'azote assimilable qu'elles contiennent puisque la plupart des récoltes lui enlèvent des quantités importantes de cet élément précieux, que l'atmosphère en enlève aussi et qu'une autre partie engagée dans des combinaisons insolubles devient inutilisable.

Les matières minérales, à la différence de l'azote dont une grande partie est perdue dans la fermentation putride, retournent presque intégralement à la terre lorsque les purins sont utilisés. Du reste elles sont toujours moins chères que l'azote. Dès lors tout cultivateur intelligent doit se préoccuper avant tout d'augmenter dans ses terres le stock d'azote et de le rendre assimilable par la culture. Il y arrivera d'une manière générale en réduisant dans son exploitation l'étendue consacrée aux céréales et en leur faisant succéder les racines, les légumineuses et surtout le trèfle, dont les débris forment un engrais autrement assimilable que le fumier ; il y arrivera en augmentant sa production fourragère, puisque dans la plupart des cas la production du fourrage ne coûte pas d'engrais, tout en enrichissant le sol, et qu'elle rend disponible pour les terres arables une grande quantité de fumier.

Passant à l'étude des assolements, nous avons vu que l'assolement triennal ne se soutient plus aujourd'hui que par la suppression de la jachère remplacée par la culture de la betterave et des plantes fourragères, de telle sorte que dans cet assolement la fertilité de la terre n'est plus seulement entretenue tous les trois ans par une culture médiocre avec une faible quantité de fumier, mais qu'elle s'est accrue petit à petit par des façons plus nombreuses et plus parfaites, par des fumures plus abondantes et surtout par l'engrais laissé par l'éteule des plantes légumineuses. Mais nous avons reconnu aussi que par ces perfectionnements divers la fertilité ne peut être augmentée par l'assolement triennal au delà d'une certaine limite qui est atteinte aujourd'hui dans les pays de bonne culture, de sorte que toute la question est de s avoir si ce maximum de production donne encore aujourd'hui un bénéfice sérieux.

Nous avons vu au contraire que dans l'assolement de quatre ans avec trèfle, une moindre quantité de fumier que dans l'assolement de trois ans fait produire à la terre des récoltes au moins aussi considérables de racines et de blé, parce que la fumure ne produit que deux récoltes au plus et que la récolte d'avoine qui suit l'éteule de trèfle laisse toujours la terre convenablement garnie d'engrais ; au lieu que dans l'assolement de trois ans la même fumure doit faire pousser trois récoltes qui l'épuisent à peu près complètement, sans compter que les causes de déperdition d'engrais sont ici beaucoup plus considérables à cause de leur durée ; or, nous avons reconnu aussi que, toutes choses égales d'ailleurs, lorsque tous les fourrages sont consommés sur le domaine, l'assolement de quatre ans produit beaucoup plus de fumier que celui de trois ans, qu'il exige aussi moins d'attelages, qu'en un mot il est à la fois plus productif et plus économique que celui de trois ans, et nous avons essayé de traduire ces résultats par des chiffres qui montrent avec évidence sa supériorité.

Nous nous sommes occupés ensuite des assolements avec prairies temporaires. Ceux-ci n'augmentent peut-être pas aussi rapidement la fertilité de la terre que l'assolement de quatre ans. Nous avons examiné dans quelles conditions devait être établie la prairie pour que l'enrichissement ait lieu, et nous avons insisté sur l'importance d'avoir des prairies composées au début pour plus de moitié de légumineuses. Mais il est clair que dans l'examen des assolements la question du bénéfice joue un rôle prépondérant : or le bénéfice ne dépend pas seulement des produits mais encore de la dépense ; et si dans les assolements avec prairies temporaires, le produit est toujours moindre que dans l'assolement de quatre ans, il est certain qu'à cause du pâturage la dépense est certainement moindre et qu'en définitive la comparaison est à l'avantage des prairies temporaires.

Dans les domaines où la prairie temporaire réussit, il n'y a point de doute que les assolements qui la comprennent l'emportent sur l'assolement de quatre ans. Avec moins de peine, un moindre capital, moins de risques aussi probablement, ils donnent un résultat supérieur ; et l'on peut sûrement conclure, à ne considérer l'assolement qu'indépendamment des conditions économiques, des qualités du sol, des variations du climat, que l'assolement de quatre ans l'emporte sur celui de trois ans et que tous deux valent moins que l'assolement avec prairie temporaire.

Ce n'était pas assez d'étudier les assolements d'une manière absolument théorique. Nous avons mis l'agriculteur aux prises avec les difficultés de la pratique, avec les alternatives de succès et de revers qui tiennent au sol, au climat, aux conditions économiques. Nous avons montré que l'examen des propriétés physiques du sol devait avant tout décider du choix de l'assolement ; le climat, qui est en définitive assez peu variable, et les conditions économiques ne viennent qu'ensuite. Mais il n'y a pas de sol bien traité par les amendements et les engrais minéraux qui ne s'accommode de la prairie temporaire convenablement modifiée. Aux sols riches et profonds la prairie avec trèfle et graminées mélangées, plantes précoces dans les terres fraîches mais perméables, plus tardives dans les sols humides. Aux sols secs, la luzerne et le sainfoin suivent l'état de fertilité de la terre. Que si la prairie présente cet immense avantage de convenir à tous les sols, n'en est-ce pas un encore plus grand de permettre d'exploiter avantageusement les terres éloignées et pauvres, les terres en mauvais état dans lesquelles tout autre assolement ne peut guère donner que de la perte. La prairie convient aux sols morcelés, qui forment la plus grande partie de la France.

Ce n'est pas un de ses moindres avantages que de pouvoir sauver de la ruine la petite culture aussi bien que la grande.

Il est permis de recevoir des leçons même de nos ennemis. Nos ennemis sont ici nos voisins, l'étude du climat nous a fourni l'occasion de reconnaître encore une fois cette vérité, en rendant justice aux agriculteurs de la Suisse et de l'Angleterre qui ont tiré si bon parti de leur sol et de leur climat. Le climat plus varié de la France permet cependant plus que partout d'établir avec profit la prairie temporaire. Dans le midi, il est vrai, la luzerne pourra sans doute remplacer avantageusement la prairie à base de graminées. La verte Irlande préfère la culture de la pomme de terre, et il ne convient pas qu'un agriculteur la loue pour ce choix, mais un économiste et un patriote peuvent lui rendre justice sans réserve : c'est la pomme de terre qui a sauvé la population de l'Irlande et lui a permis de vivre opprimée par l'Anglais, son ennemi. Malheureux les peuples pasteurs ! Qu'ils sont éloignés de l'énergie des peuples cultivateurs ! L'Irlandais dépouillé du sol n'a pu être déraciné. La souche puissante, parce qu'elle était bien attachée, a étendu ses branches jusqu'en Amérique ; l'Irlandais n'est plus le dernier des hommes, il fait peur à l'Anglais.

La France a été la première nation du monde tout le temps que les bras français ont suffi à cultiver le sol de la patrie. Avec la pénurie de travailleurs français, la décadence a commencé, les lois économiques l'ont continuée. C'est un dieu, c'est l'État, mais c'est une divinité jalouse lorsqu'elle n'est pas mauvaise qui nous a fait des loisirs en nous obligeant ainsi à laisser nos champs incultes, à moins que nous ne les transformions en prairies. La prairie temporaire est à coup sûr la meilleure solution du problème agricole au point de vue économique ; elle permet à la culture de ne plus se ruiner et même peut-être de faire quelques petits bénéfices ; elle réduit la surface ensemencée au blé, sans mettre le marché français à la merci de l'étranger, parce qu'elle permet d'augmenter les rendements dans une proportion importante. Ce n'est peut-être pas exagérer que d'estimer l'augmentation probable du rendement à la moitié du rendement actuel ; dans cette hypothèse, 4.500.000 hectares de blé suffiraient à nourrir la France. C'est le 1/6 à peu près du sol cultivable, et l'adoption de la prairie temporaire permettrait encore d'ensemencer cette surface.

Avec la prairie temporaire l'agriculture française peut gagner en intelligence plus qu'elle n'a perdu de forces par l'émigration des ouvriers vers les villes. Combien de propriétaires ruraux obligés par la pénurie des fermiers de rentrer en possession de leurs terres, et incapables aujourd'hui, faute de connaissances suffisantes, d'entreprendre l'exploitation de leurs domaines à l'aide des assolements

ordinaires, verront augmenter leurs revenus par l'emploi d'un assolement avec prairies temporaires! Combien d'hommes de bonne volonté,
mais ignorants des choses de la culture et peu habitués aux luttes de
la vie, peu propres par conséquent à affronter les périls d'une entreprise agricole, pourront aujourd'hui, à l'aide de la prairie temporaire, éviter les revers et les difficultés des débuts !

Je conclus donc en disant que la prairie temporaire convient à peu
près à toutes les conditions et qu'elle contribuera pour sa part à sauver la culture française, pour peu que ceux qui ont la charge des
destinées du pays n'y mettent pas obstacle.

TABLE DES MATIERES